中国石油管道公司员工职业化培训教材

油气管道清管技术与应用

陈朋超　戴联双　赵晓利　著

石油工业出版社

内容提要

本书系统地介绍了清管发展历史、清管设备的应用以及清管器发展现状和清管技术展望，解答了清管技术和管理相关的疑问，并结合现场实际应用过程中遇到的异常事件，总结分析了清管异常事件处置的经验和实践。

本书对清管工程技术人员和生产管理人员均具有较好的参考价值，可作为生产管理人员和清管专业技术人员的培训参考教材。

图书在版编目（CIP）数据

油气管道清管技术与应用/陈朋超，戴联双，赵晓利著．—北京：石油工业出版社，2017.12

ISBN 978-7-5183-2278-7

Ⅰ．①油… Ⅱ．①陈…②戴…③赵… Ⅲ．①石油管道-管道-清理 Ⅳ．①TE973

中国版本图书馆 CIP 数据核字（2017）第 282372 号

出版发行：石油工业出版社
（北京安定门外安华里 2 区 1 号 100011）
网 址：www.petropub.com
编辑部：(010) 64251682
图书营销中心：(010) 64523633
经 销：全国新华书店
印 刷：北京中石油彩色印刷有限责任公司

2017 年 12 月第 1 版 2017 年 12 月第 1 次印刷
787×1092 毫米 开本：1/16 印张：9.75
字数：220 千字

定价：60.00 元
（如出现印装质量问题，我社图书营销中心负责调换）

《中国石油管道公司员工职业化培训教材》编审工作领导小组

组　长　潘殿军

副组长　李伟林　王富才　袁振中　南立团　王大勇　樊庆宝　孟力沛　彭建立　张　利

成　员　董红军　刘玉文　梁宏杰　刘志刚　冯庆善　伍　焱　赵丑民　徐文国　徐　强　孙兴祥　李福田　田艺兵　王志广　吴秋夫　初宝军　杨军强　安绍旺　于　清　孙　鸿　程德发　屈文理　佟文强

编审工作领导小组办公室

主　任　孙　鸿

副主任　吴志宏

成　员　朱成林　杨雪梅　井丽磊　李　楠　孟令新　张宏涛

序

清管对于油气管道来说是一项非常必要和重要的工作。常规清管可以确保油气管道维持初始设计输送能力，同时清理杂质，破坏容易形成的内腐蚀环境，特殊清管还可以满足后期开展的管道本体状况内检测的需要。但是清管作业也面临着丢失、蜡堵、停滞、卡堵等诸多风险，尤其对于长期未能按期进行清管的油气管道，由于对管道结构状况不明和内部本体情况不清，更增大了实施清管作业的不确定性和各类事故发生的可能性。针对油气管道清管存在的风险，以及当前国内油气管道的现状，本书建议从现场管理和实施技术两个方面着手来提高清管作业的效率和效果，其中管理方面应注重过程管理，加强统计分析和类比工作，而技术方面应根据管道现状选取合适的清管技术和设备。

清管的历史在我国也是由来已久，可追溯到古代的河道清淤，古代开渠引流，用来灌溉农田，都会根据具体的河道和周边环境情况，制订间隔一年、两年或者三年这种周期性的河道清淤计划，使得河道顺畅，避免因淤泥堵塞河道，无法将足量的河水输送到需要灌溉的农田，同时也是为了避免被淤泥堵塞的上游被漫灌，造成水灾。

长输油气管道清管的作用可以简单分为两个方面：一方面是为了管道维持原设计的输送能力，保障其功能上的完整性；另一方面就是清理沉积在管道中具有腐蚀性和影响输送产品质量的杂质，保障其结构上的完整性。自 19 世纪 50 年代以来，国外发展管道内检测的技术，在发送管道内检测器前，为了更加清楚地了解管道本体状况，获得更科学的管道内检测数据，需要将管道内部存在的可能会影响检测数据质量的各类杂质（主要包括油砂、粉尘、铁锈等）清理干净，这也是近些年行业内常说的“内检测清管”（为了与日常常规的清管区别开来，也称为“特殊清管”）。所以，一般也将长输油气管道清管分为两类：日常清管与内检测清管。

不管是日常清管，还是内检测清管，针对不同的目的，采用的清管技术都会存在一定的差异，使用的清管设备也会存在一定的区别。即使是采用相同类型的清管设备，不同的组合顺序也会有不同的清管效果。正因为存在这些区别和技术差异，国内外管道运输企业在长输油气管道清管行业积累了大量的经验，也发表了一些相关文章，但是仅仅局限在简单的原理介绍和辅助章节，而系统的针对清管技术和应用实践的著作和文章相对来说还是少之又少。

目前，常规清管的作用已经被普遍接受，内检测清管不仅为获取高质量的内检测数据、了解管道及管输产品基本情况创造了条件，还起到清洁管道、提高管输能力、优化管道中输送介质的品质、防止或减缓因管道内杂质引起的内部腐蚀等问题的作用，也是保障管道本质安全的有效手段之一。同时油气管道内检测前的清管也蕴含着大量的信息，如原油管道，根据推出的硬蜡或凝析油情况可以推测输送介质的析蜡点并评估历史热输送工艺的效果，从气体管道推出的杂质可以预测输送介质的品质等。因此，有必要对管道内检测前清管信息进行管理，形成清管信息的大数据，以明晰同类型管道清管可能存在的风险状态，这也是管道清管将来发展大数据的必然趋势。

本书笔者期待通过多年来对长输油气管道清管技术研究和经验的积累，在总结、提炼的基础上，从清管的历史和作用出发，涉及清管器的设计和研发，并通过清管异常事故案例的剖析，以期带给读者有益的启示，并促进长输油气管道清管行业更加健康和快速的发展。

编著者

2017 年 1 月

前　　言

为大力开展全员职业化培训，提高员工职业化素养，中国石油管道公司组织编写了《中国石油管道公司员工职业化培训教材》。本套教材分综合管理、政工管理、专业技术和操作技能四个序列。综合管理序列教材主要用于管理人员综合行政管理素质提升培训；政工管理序列教材主要用于员工思想政治素质提升培训；专业技术序列教材主要用于管理人员及专业技术人员专业能力提升培训；操作技能序列教材主要用于操作岗位员工的操作技能提升培训。教材力求做到理论和实际相结合，把公司几十年历程和财富提炼出来、沉淀下来，是我们各级管理人员、专业技术人员和操作人员的技术、技能、经验和心血的结晶。

本册为工程技术序列之《油气管道清管技术与应用》，通过本书，希望能够使读者了解管道清管相关技术和管理的经验，对其他具有类似情况的管道管理者有所帮助，对如何开展管道清管技术和智能检测技术研究及管理者有所启发。

本册共分为十章，第一章绪论，简单介绍了清管的由来和作用，对清管过程中遇到的典型疑问进行了详细的解答；第二章介绍了管输流体介质的特性，为清管器运行状态控制、清管器运行跟踪等提供理论依据；第三章探讨了清管器的结构设计和选用原则，为不同工况清管器类型的选择提供了参考，有效保障清管器高效、平稳运行；第四章总结了在现场实施清管前需要开展的准备工作，简要描述了实施清管的流程；第五章介绍了清管现场跟踪与面临的风险，为提前预控跟踪人员面临的风险提出了建议措施；第六章、第七章、第八章分享了蜡堵、清管器卡堵、停滞的典型异常事件处置案例，详细分析了异常事件的发生过程，总结了相关经验，为积累清管行业经验提供了基石；第九章介绍了智能清管器的发展历程，探讨了国际上几家智能内检测公司比较先进的设备和技术的发展情况；第十章探讨了清管技术的未来发展趋势和展望。

本书具体编写分工如下：第一、二、三章由陈朋超编写，第四、五、十章由赵晓利编写，第六、七、八、九章由戴联双编写。全书由陈朋超统稿。

由于水平有限，本书内容难免存在错误和纰漏，恳请广大读者批评指正，以便修订完善。

编著者

2017.4

目　　录

第一章　绪　　论

第一节　清管的作用

清管，顾名思义就是采用某种工具在外来驱动力的作用下清理管道中存在的异物。这里所说的工具，也就是“清管器”；外来驱动力，对于长输油气管道来说，也就是所输送的介质。清管器是由气体、液体或管道输送介质推动，用于清理管道的专用工具。它可以携带电磁发射装置与地面接收仪器共同构成电子跟踪系统，还可配置其他配套附件，完成各种复杂管道清管作业任务，如图 1-1 所示。

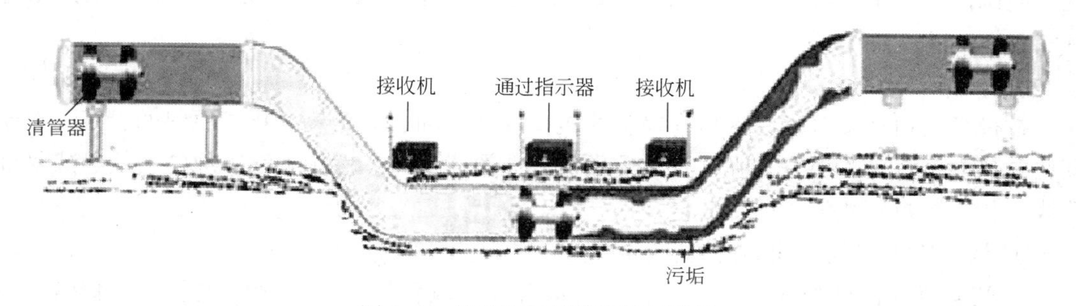

图 1-1　长输油气管道清管示意图

清管在工业上有如下几种定义：

（1）清管产品与服务商协会（PPSA）对于清管的定义为“任何投入管道并且由输送介质驱动的装置”。

（2）TDW 公司对于清管的定义为“投入管道的带有橡胶圆盘的装置，用来执行一种或多种功能：清洁、置换、计量或者内检测。因其使用时产生的噪声如同猪发出的声音，因此得名“猪（pig）”。

（3）Girard 公司对于清管的定义为“在管道内部通过，用于清洁、测径和检测的装置”。

通常所说的清管的目的是清除焊接时留在管道内的泥沙、焊渣等杂物，为管线正常运行和管道内检测提供保障，见表 1-1。我们所从事的所有类型的清管作业活动基本上都与两方面相关：一是保存管道和设备资产；二是最大程度上利用管道运输能力和减少成本。通常的清管按照其目的不同分为两种类型：一种是常规清管，用来清理管道内的杂质，提高管输能力，如图 1-2 所示；另一种是管道内检测清管，用来清洁管道和测径，判断管道内的杂质情况和通过能力，从而评估是否达到内检测的要求。

表 1-1　在役管道清管特征

为什么清管	什么时候清管	清管前的设计
去除管道内异物： 维持管道设计运作条件 防止降低管线能力 防止和监测腐蚀行为	管道建成后清管： 管道运行清管 检测前清管	了解清管要求： 良好的清管和运行条件 适当的、正确的清管器选择 系统的清管程序

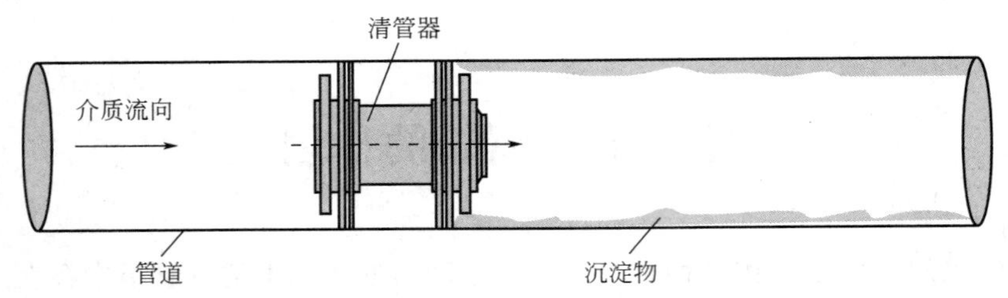

图 1-2　清管器清理管道内沉淀物示意图

管道清管基本覆盖了管道全生命周期的各个阶段，包括建设、运营与维护、检测、修复、退役/停用等阶段。不同阶段的管道清管发挥的作用和需要达到的目的不一样，对于现阶段国内的清管作业活动来说，一般主要包括两个阶段：一是在役管线，二是新建管线。

（1）在役管线。

在役管线包括很多种，这里在役管线包括输送石油、天然气及化工原料的管线，对于其他的热力蒸汽等管道基本不涉及。下面概要介绍运营中天然气管线、原油管线、成品油管线、化工原料管线清管的目的。

① 运营中天然气管线的清管：

a. 清除管线内部积水、轻质油、甲烷水合物、氧化铁、碳化物粉尘、二硫化碳、氢硫酸等腐蚀性物质；

b. 降低腐蚀性物质对管道内壁的腐蚀损伤；

c. 检测管线变形；

d. 检查沿线阀门完好率；

e. 减小工作回压等。

② 运营中原油管线的清管：

a. 管线内检测前清管、低输量间歇运行输油管线清管；

b. 清除管线内部的凝油、结蜡、结垢，达到减小输油回压、减小摩阻、降低输油温度的目的。

③ 运营中成品油管线的清管：

a. 管线内检测前清管、低输量间歇运行输油管线清管；

b. 清除管线内部的油砂、铁锈，达到减小输油回压、减小摩阻的目的。

④ 化工原料管线的清管：

a. 清理具有聚合性物料管线；

b. 隔离不同管输介质，实现单管多品输送、计量管输介质。

（2）新建管线。

① 分段清管扫线试压：

清除管线杂物、浮锈，排水、排气。

② 投产前清管试压：

a. 检测管线变形、施工质量；

b. 水压试验前排气，生产前排水、干燥，介质隔离。

（3）输水、注水管线的清管：清除水垢、沉积物。

其实，在管道的全生命周期内，还有废弃这个阶段。废弃阶段仍需要进行清管，目的主要是清扫管道内的输送介质，以便进行下一步的废弃处置工作，减小或者避免对环境造成污染，这也是管道废弃阶段保障安全必须要开展的一项工作。但是采用的清管方式相对新建和运行的管道来说会更加复杂，方式也更多，如可以采用化学清洗、物理吹扫、输气管道分段放空等。

严格来说，清管的作用进一步延伸，拓展清管的价值，要从 19 世纪 50 年代开始算起。国外正发展管道内检测的技术，在发送管道内检测器前，为了获得更好的管道内检测数据，需要将管道内部存在的可能会影响检测数据质量的各类杂质（主要包括油砂、粉尘、铁锈等）清理干净，这也是近些年行业内常说的“内检测清管”，也有为了与日常常规的清管区别开来，称其为“特殊清管”。因为这种内检测对管道清洁程度的需求，促进了各种结构和功能的清管器的发展。通常来说，长输油气管道清管分为两类：日常清管与内检测清管。

不管是日常清管，还是内检测清管，针对不同的目的，采用的清管技术会存在一定的差异，使用的清管设备也会存在一定的区别。即使是采用相同类型的清管设备，不同的组合顺序也会有不同的清管效果。

为了达到最佳的管道内检测结果，通常需要在实施管道内检测前对清管器进行清洗。清管器运行的间距以具备收发球筒的站间距为单元，在《油气输送管道完整性管理规范》（GB 32167—2015）中规定“上下游收发球筒间距宜控制在 150km 以内，最长不能超过 200km”。如果站间距过长，清管器部件因磨损过量导致泄流，失去前后压差的驱动力，从而导致停滞在管道中的风险较高，同时清管的效果也会随着运行距离增加而降低。为了保障清管的效果和质量，通常都需要制订详细的实施方案，分析清管过程中可能面临的风险。以内检测清管为例，通常的流程如图 1-3 所示。

在中国石油天然气股份有限公司的企业标准《油气管道清管作业技术规范》（Q/SY GD0102—2016）中定义清管为“清除管内凝聚物和沉积物的作业”。该标准还规定了新建油气管道工程清管及测径、在役油气管道清管作业、退役油气管道扫线封存及内检测清管的要求。

在 Q/SY GD0102—2016 中还规定了启动常规清管的条件。

对于在役油气管道，其清管启动条件为：

（1）新建管道投产 6 个月内宜进行首次清管作业，最迟不应超过 12 个月。

（2）开展添加降凝剂或减阻剂等科学试验前，具备清管条件的管道应进行清管作业。

（3）发生可能造成管道变形的自然灾害后输油气管道宜进行测径清管作业，判定管道变形情况。

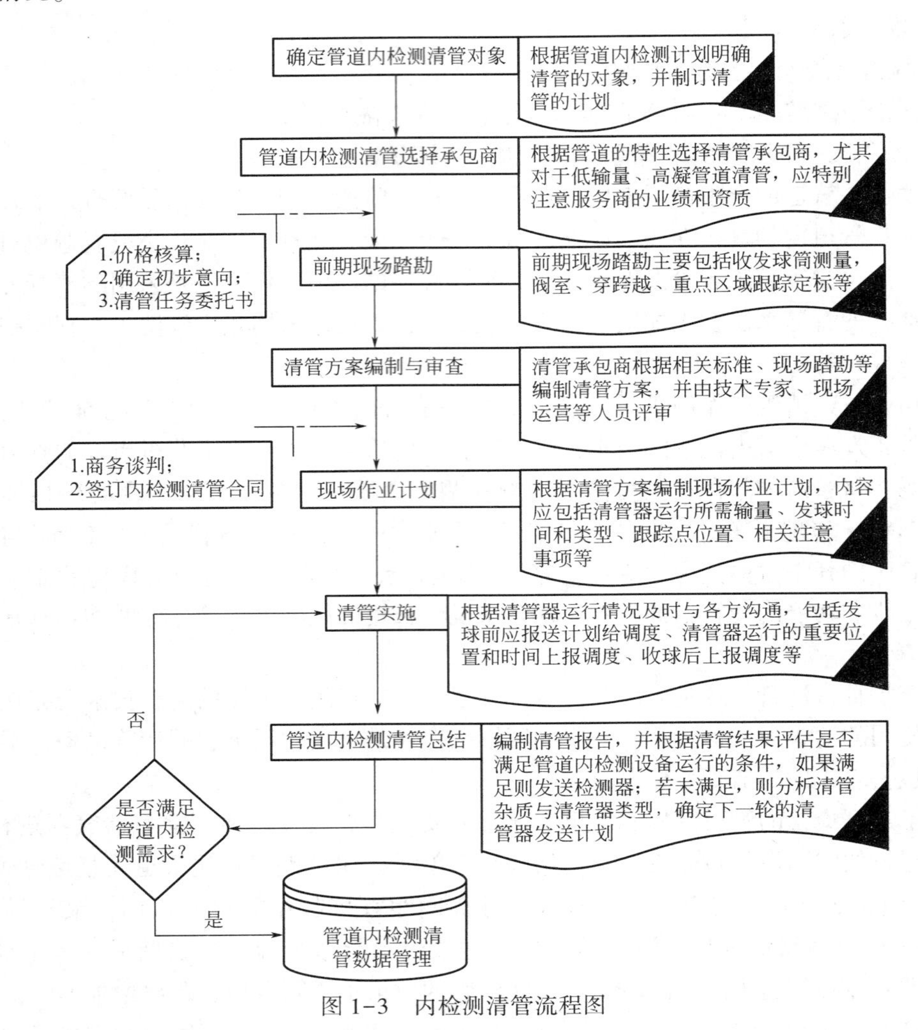

图1-3　内检测清管流程图

对于天然气管道，满足下列条件之一时宜启动清管作业：

（1）管道公称直径在300~800mm之间，且管道输送效率低于0.8时。

（2）当管道公称直径大于800mm，且管道输送效率低于0.95时。

（3）输气站单次排污量大于0.5m^{3}时。

对于成品油管道，满足下列条件之一时宜启动清管作业：

（1）新建成品油管道投产后宜加大清管频次，进行连续清管。

（2）管输油品杂质含量超出规定的质量指标时。

对于原油管道，满足下列条件之一时宜启动清管作业：

（1）管道输送效率低于 0.95 时。

（2）实际输送能力比上次清管结束时下降 3%时。

一般对于液体管道来说，计算管道输送效率采用下面的公式：

$$\eta=\frac{Q}{Q_0} \tag{1-1}$$

式中 η——管道输送效率；

Q——管道实际输量，t/a；

Q_0——同一运行工况下管道的计算输量，t/a。

第二节 清管的历史

清管工艺已有 200 多年的历史。据国内的文献资料记载，早在 1800 年，美国潮汐公司就开始对管道进行清洗，清管器的历史也从此开始。在早期，人们发现发送一个带有皮制圆盘的活塞可以除去积存于油气管道内壁上的石蜡，无需增加动力就能提高流量，增加刮刀或钢丝刷可提高除垢效果即清管器的雏形。清管器的第一次使用大约是在 1870 年，宾夕法尼亚的 Titusville 小镇发现了原油，开始使用清管技术。在用管道输送原油以前，原油都是通过马匹与车辆运送到炼油厂，为了提高原油的运输效率，人们开始使用管道运输原油。管道运行了几年以后，出现较多的沉积物，流通能力降低，导致泵压升高。管道运营商使用了很多方法试图提高管道的流通能力，但是效果均不明显。后来人们尝试在球上绑缚一些碎布，制造出最初的清管器放入管道，收到了不错的效果。再往后开始使用皮革代替布片，在原油的浸泡作用下皮革会膨胀，紧贴在管壁上，提高了清管的效果。由于当时管道使用承插式连接，清管器在通过管道接头时发出的声音与“猪（pig）”的叫声相似，故用“pig”作为清管器的代称。在此后的半个世纪里，清管器不断发展，清管器上已经使用了钢制主体，安装了橡胶或者皮革制作的杯状及直板形密封盘，清管器的模块设计逐步发展到今天比较典型的结构，如图 1-4 所示。

为了在清管器发生卡堵时能迅速在地面找到其确切位置，国外在 20 世纪 60 年代末发明了电子定位清管器，使清管器清洗技术实现了巨大发展。随后逐步发展了在清管器上增加各种类型的传感器，可以收集到管道内的各种信息，形成了各种类型的检测器，如漏磁检测器、超声裂纹检测器、电磁涡流检测器等。

19 世纪 60 年代，大部分清管作业尚局限于原油与天然气工业管道。后期伴随着技术的发展，出现了泡沫清管器，由于使用了聚氨酯橡胶，这种清管器也被称为复合清管器。据大量技术资料表明，在国外 ϕ640mm 输气管道中，1950 年以前设计的装有清管器收发装置的占 24%，1960 年以前建造的占 51%，而 1960 年以后建设的长输管道几乎 100%装有清管器收发装置。清管器收发装置典型构造如图 1-5 所示。由这些历史的数据记录，我们可以发现清管工艺在 20 世纪得到了迅速发展和普及。

在这里有一个非常典型的案例，就是 20 世纪 70 年代末投产的阿拉斯加原油管道，从施工、投产到运行都广泛采用了清管技术。管线试压前用空气驱动软质清管器，推动甲醇清出管内冰块；应用机械清管器，排除管内空气，保证水压试验的安全。该清管器带有音响，并可带跟踪发射器以便寻找。在该管道投产时，应用两个隔离清管器以隔离空气与氮气、氮气与原油，使油流免于接触空气，控制油流速度，确保安全运行。在管道正常运行时，投放智能检测器，分为 3 节，长 2. 5m，总重 2. 5t，装有电池、数据记录和数据处理装置等，可测出管道沉陷、变形及管内压力、温度与弯曲等参数，并有较高的解析能力，在一定范围内代表着当时国际上最高的检测技术水平。这条管道的清管案例在当时非常典型。

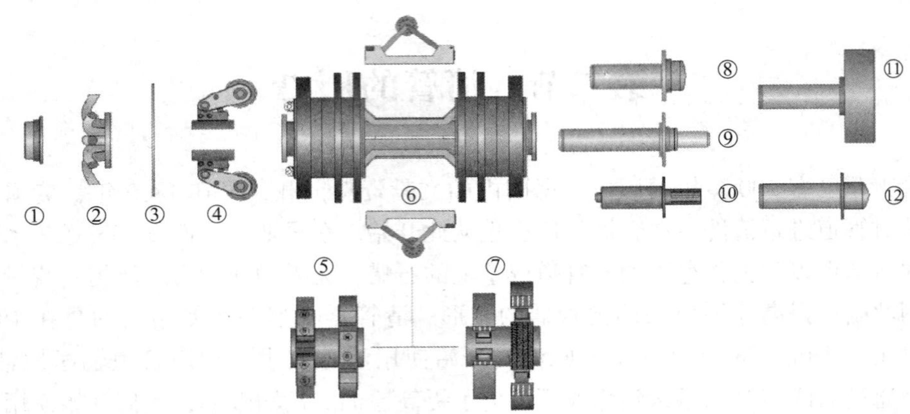

图 1-4　清管器模块设计示意图

1—聚氨酯缓冲垫；2—蜘蛛鼻旋转器；3—测量盘；4—支撑轮；5—磁捕获系统；6—里程表；7—弹簧固定钢刷；8—电子数据收集系统；9—泄漏探测装置；10—方位发射器；11—电子测试装置；12—管道轮廓测试装置

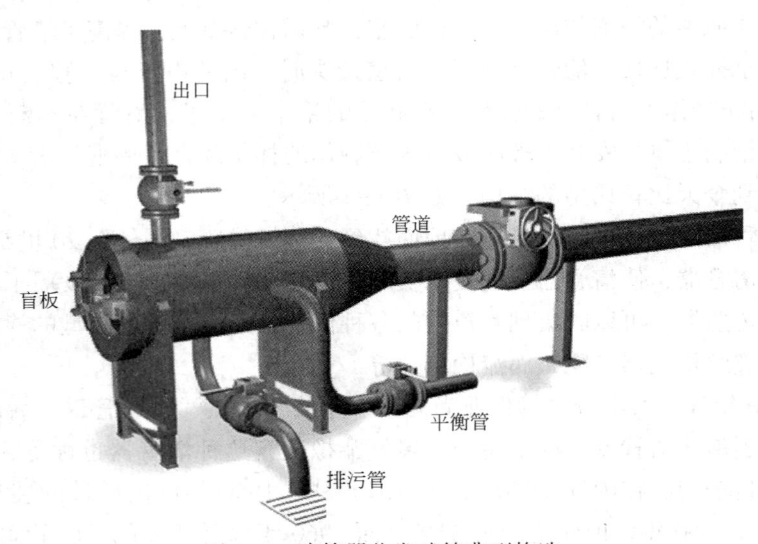

图 1-5　清管器收发球筒典型构造

其实，在 20 世纪 60 年代初清管技术就在我国第一条原油长输管道上初步应用，但由于多种原因，之后发展缓慢。70 年代末，除了石油管道部门开展清管技术研究外，还有油田、军内系统、机电部等部门也相继开展研究。清管技术已在我国输油、输气、供排水管道、成品油及液化天然气管道上应用。东北输油管理局1980年召开了软质清管器清管技术在原油长输管道中应用的技术鉴定会。1982年中国石油管道局管道科学研究院在北戴河对ϕ159mm供水管道清管成功，复活了一条管线。管道科学研究院随后研发了清管器跟踪仪。1984年后勤部营房设计院召开了成品油清管技术鉴定会；1985年石油部管道勘察设计院召开了机械清管器及封堵技术鉴定会。近几年国内在清管技术方面发展很快，油、气、水管道都广泛采用，并取得越来越显著的效果。

第三节 清管中常见问题

一、到底需不需要清管?

在大多数人看来，清管具有它本身的局限性。就像其他的管道检测、监测和日常维护活动一样，都需要去分析它到底有没有必要。清管，或者不清管？这是一个管道管理者经常会问的一个问题。

当管道具备收发球作业的条件，发生严重的内腐蚀、气源或者油源杂质含量较高，亦或是需要内检测时，通常都会对管道进行定期清管。特别是在施工和投产阶段，通常需要运行清管器来将管道内遗留的水、泥沙、焊条等杂物推出来，保证管道内部的洁净。同时，管道管理者还会要求运行一个测径清管器，用来查看管道是否存在较大的、不可接受的变形。

对于那些不具备清管条件的管道不能进行清管，如管道内介质的流量太小或者没有流量、没有收发球筒或者管道内存在限制清管器通过的特征（如弯头曲率半径太小，相邻三通距离太近，等径旁通没有挡条等）。

当然，除了以上比较明确的必须进行清管和不能进行清管的情况外，还会存在一些到底需不需要清管而难以抉择的情况，当遇到这种情况时，就需要综合多方面的信息仔细地考虑。这些情况包括但不限于：

（1）输气管道下游用户用气需求量长期很大，流速很快，超出了清管器运行速度的最高限制要求，一旦运行清管就必须降量，但是会给下游用户带来很大的影响。

（2）输油管道内杂质含量较高，采用顺序输送，清管时会在一定程度上造成清管器前后数公里的油品浑浊，甚至有些悬浮物会在清管器运行期间的搅动过程中形成乳化状的物质溶解在油品中，这些乳化状态的物质很难在罐区内沉淀。遇到这种情况下游客户不会接受这些浑浊的油品。

（3）对于有些长期不清管的老管道，里面沉淀的杂质或者管壁结蜡等情况非常严重，若清管，极易造成卡堵。

近期也有些文章指出，对于那些运行条件恶劣、管道完整性情况较差的管道，清管的作用非常有限。就像任京线那样的老管道，管壁结蜡非常严重，管道腐蚀情况也比较严重，清管对于管道运营状况的改善起不到较好的作用，那么换管或者改线才是最好的选择。部分低输量、老的原油管道有可能是管道腐蚀非常严重，之所以没有发生泄漏事件，极有可能是管壁厚厚的结蜡层承受了输送压力。在这种情况下，一旦清管清除掉管壁上的厚蜡，就有可能造成管道泄漏。

总体来说，是否需要清管有三个方面需要考量：一是可接受性，评估清管是否能够达到预定的目的；二是可行性，评估外部条件和管道自身的状况是否满足清管的要求；三是经济性，要综合考虑管道的使用寿命和成本是否可接受。

二、清管与管道系统的哪些因素有关?

清管前需要了解管道的材质、管道内径、管道途径的地形、收发球站间距、弯头的曲率半径与角度、特征的相对位置、支管的内径、阀门的类型等。

1. 管道材质

对于不同材质的管道，如钢质管道、PE 管等对清管器的要求区别很大。另外，还需要考量其他因素来确定清管器的材质，如对于涂敷了内涂层的输气管道，清管时就需要考虑尽量减小对内涂层的损害。一般采用尼龙刷清管器以保障达到清管的目的的同时，尽量减小对内涂层的损伤。

2. 管道内径

了解管道最小内径和最大内径，用来设计清管器的过盈量。这里需要重点明确的是弯头和三通的内径。管道内径也是用来设计测径板大小的重要依据，一般来说测径板的尺寸为管道最小内径的 95%。

3. 管道途径的地形

管道地形对于选择跟踪点至关重要。在选择跟踪点时，应把可能发生清管异常事件的点作为跟踪点，如落差非常大的区域、穿跨越、石方段等。液体管道一般在高程的最低点设置监听点，用来判断是否有足够的压差驱动清管器通过。

4. 收发球站间距

收发球站间距决定着清管器的设计，如当收发球站间距较长时是否采用特殊的耐磨材料、是否增加皮碗的数量、或是否采用支撑轮等。如果收发球站间距非常短，那就可以考虑直接用牵拉的方式进行清管，这种情况在检测的时候也可以采用牵拉的方式进行。

5. 弯头的曲率半径

一般来说，按照 2000 年以后的设计施工标准，管道弯头的最小曲率半径都大于 $3D$，清管器的设计通常也要求能通过 $1.5D$ 的弯头（D 为管道外径）。斜接是在标准规范中禁止存在的，但是某些地方由于施工不规范，也会存在斜接的弯头，一旦发现这种现象，就需要谨慎地评估。关于弯头或者弯管的曲率半径的要求，在 2003 年以前的国家标准中没有明确的规定，所以很多老管道存在斜接弯头（俗称虾米弯）现象，在 2003 年以后对于弯头曲率半径的规定在国家标准中逐步完善起来，《油气长输管道工程施工及验收规范》（GB 50369—2014）中就有明确规定，见表 1-2。

表 1-2　管道线路的热煨弯管、冷弯管相关规定

种类		曲率半径	外观和主要尺寸	其他规定
热煨弯管		≥4D	无皱褶、裂纹、重皮、机械损伤；两段椭圆度不大于 1.0%，其他部位的椭圆度不大于 2.5%	应保证清管器和探测仪器顺利通过；端部直管段保留长度：DN≤500mm 时，不小于 250mm；DN>500mm 时，不小于 500mm
冷弯管（DN）mm	≤300	≥18D	无皱褶、裂纹、机械损伤；弯管椭圆度弯管部分不大于 2.5%，直管部分不大于 1.0%	端部直管段长度不小于 2m
	350	≥21D		
	400	≥24D		
	450	≥27D		
	500	≥30D		
	≥600	≥40D		

注：D 为管道外径，DN 为公称直径。

6. 弯头的角度

大部分弯头的角度是 45°或者 90°，但是现场的弯头可能存在任何角度，有些弯头的角度甚至超过 90°。《输气管道工程设计规范》（GB 50251—2015）中明确规定“弯管不得使用皱褶弯或虾米弯弯管代替。管子对接偏差不应大于 3°”。因为现场预制弯管或者制作热煨弯管比较费时，且成本较高，有些工人为赶投产的进度，往往在连头或者碰死口的地方采用短节“虾米弯”代替弯管进行管道的转向。在近年的管道内检测结果中也发现了几处严重的“虾米弯”（图 1-6），对于管子对接偏差超过 3°这种现象在山区敷设的管道上相对来说比较普遍。

图 1-6　某新建输气管道中使用的“虾米弯”

7. 特征的相对位置

在理想的情况下，清管希望两个特征（如弯头和三通、两个弯头、两个三通等）的间距能够大于清管器的长度。不过，管道上往往存在某些相邻特征间距非常小的情况（如 90°背对背的弯头），在这种情况下，就需要进行精确测量，根据两个特征相邻间距来设计清管器。

8. 支管的内径

一般来说，对于异径的支管，管径小于 60%主管道外径时，可以没有挡条；但是对

于超过 60% 主管道外径的异径支管和等径三通必须设置挡条。

9. 阀门的类型

当前管道采用全通径的球阀，对于单向阀在发送清管器或者检测器前需要进行锁定。在清管过程中，发生清管器在阀门处卡堵的事件比较多，如图 1-7 所示。因阀门错位或者没有关到位导致的清管器卡堵都属于异常事件，阀门影响清管进度比较常见的现象还有阀门内漏，尤其是收发球筒阀门内漏的现象。

图 1-7　某新建管道阀门安装错位 12mm 而导致检测器在阀门处卡堵

三、如何判断清管器卡堵？处理方法有哪些？

清管器一旦发生卡堵，可根据管道内的压力和流量的变化曲线对卡堵位置进行判断。这是因为在压力和流量恒定时，清管器的运行是匀速运动，运行距离与时间成正比；卡堵发生时，压力急剧变化，流量则随之降低。此时管内必发生水击，通过压力和流量记录，根据水击波传递速度和时间，即可算出清管器在管中所行进的距离，结合现场实际情况，就能较准确地找到卡堵位置并及时排除。同时，清管器一般都装有低频电磁信号发射仪，也可根据在地面跟踪信号判断卡堵位置。

卡堵一般有两种情况：一种是停滞，这种情况往往是受阻的清管器在越来越大的介质压力下发生破损变形，使其径向截面积变小，推动力相应减小，介质从破损处绕过清管器，最终使破损的清管器滞留在管道内的受阻处。此时可考虑再送入救援清管器（一般采用皮碗清管器）将破损的清管器进一步打碎顶出或由介质冲走。另一种是卡停，清管器密封情况良好，造成了清管器卡堵位置前后形成较大的压差，在迫不得已的情况下，可采用不停输带压开孔封堵技术，在管道卡堵点开孔，取出清管器后再封上。

通常在判断清管器卡堵后的处理方式有首先采用提高出站压力挤顶，或采用短时间反输进行反推再正输的方法推动清管器，若清管器还不能运行，则需要根据现场情况考虑发送救援清管器和断管取球等特殊的方式来处理。

四、清管过程中常见的其他问题

1. 历史信息追溯不到位

很多管道由于历史原因、资料尚未交接、管理变更等多种因素，导致当前的档案室无法查阅到管道某些历史运营情况的资料，如无法查找到投产收发球记录、三通是否有挡条、弯头的最小曲率半径、收发球筒的设计图纸等资料。另外，管理人员也可能因工作岗位变更，近期才进入管道管理岗位，对管理管道的历史运营情况不了解，也无法判定管道的情况。这些都导致历史信息无法追溯，给清管决策带来了一定的困难。

解决方法：

（1）可通过管道施工建设同时期的标准规范来判定管道弯头、三通等情况；

（2）可通过联系当年的施工建设单位获取相关资料；

（3）可通过现场访谈新老员工来获取相关的历史信息；

（4）可通过对近期的维护、维修资料获取相关的信息；

（5）可通过现场探勘、实地测量的方法获取相关信息资料；

（6）还可以通过网络查找相关的文献资料等获取历史信息。

案例1：设计图纸与现场尺寸存在误差。

某成品油输送管道的输油站收球筒设计图纸与现场尺寸存在差异，导致预装收球套筒时没有成功。

解决方法：某成品油输送管道的输油站收球筒因标称段程度不能满足检测器收球的长度，需要加长标称段的长度，也就是加装收球套筒。根据设计图纸分析，该成品油输油管道的收球筒与某输气管道收球筒的图纸一致，因此就直接利用了从某输气管道检测现场调集过来的收球套，评估认为这个收球套筒能够直接装进该输油管道的收球筒内。但是当将收球套筒塞进收球筒时发现，大筒的内径比设计图纸小了不到1mm，收球套筒无法塞进去，最终只能将塞进一半的套筒拽出来，在附近找了一家加工厂，重新对收球套筒进行打磨。

改进措施：结合对收发球阀的确认工作，对收发球阀在清管前1个月内进行操作，确认收发球阀的密封性。同时，现场勘测时要打开盲板对球筒的内部尺寸进行精确测量。

2. 相关方沟通不到位

管道内检测清管实施过程中，不仅仅是清管承包商的事，还涉及运营方许多相关的组织，如生产部门、调控中心、管道管理部门等，很容易因为沟通不到位而延误清管计划或者引起多方的误会。

解决方法：

（1）制定明确的流程，规定上报月、周作业计划的时间节点，明确各方的职责；

（2）多打电话，建立统一的沟通平台，如建立“微信群”，相关信息及时发布到微信群中，让各方知晓，有利于沟通和信息传达；

（3）及时总结经验和存在的困难，并将总结发布给各方知晓。

3. 现有信息收集不全

在清管的过程中，常常会遇到一些由于前期欠考虑而引发的问题，如收发球站安排的其他作业、低温导致收球筒无法排油、缺乏相应的排污设施等。

解决方法：

（1）对变更信息及时跟踪，提前发布作业计划，并告知所有相关方；

（2）提前制定应对突发事件的措施，细化清管技术方案中的各种事故设想；

（3）不定时进行沟通、询问相关方，如清管跟踪人员将清管器运行情况汇报给调度人员，同时，调度人员应反馈给清管跟踪人员当前的输量情况。

案例 2：收球筒无法排油。

2013 年 12 月 8 日 4：50 漏磁检测器进入滚泉站收球筒，当确认进筒后，关闭收球阀，打开排污阀和放空阀，结果发现放空阀冷凝了，排污阀无法排球筒内的油。向调度申请用热油冲洗，调度考虑到规程要求和节能的规定，建议在球筒不带压的情况下打开盲板，用收油槽来收集球筒内的油，然后回注排污罐里面。但是球筒内存在近 $2m^3$ 的油。

解决方法：

通过与滚泉站的技术员商议，决定采用调度的调令，如果球筒内冷凝了，再采用热油冲洗。当拔掉球筒的螺栓后，发现从螺栓孔内流出了原油。见状立马打开排污阀，这样螺栓孔代替了排气孔，球筒内的油就通过排污阀排进污油罐了。随后即可正常收检测器了。

案例 3：清管中间站工艺流程未切换，清管器停滞。

在冀宁联络线（泰安—枣庄段）清管过程中，由于信息沟通与上报方面欠缺，对于管道基础数据信息的收集与分析不足，从而导致了 2013 年 6 月 23 日清管过程中，因预判失误、分输点未关闭分输处的阀门（曲阜站工艺流程未切换），在曲阜站旁通处停滞近 10h。

解决方法：

（1）在晚上 18：05 到达曲阜分输站后，经过 0. 5h，由于在预定的时间内检测公司跟踪人员在站外始终未监听到清管器通过的信号，立即打电话询问中原输油气分公司调度是否排量、压力发生变化。在得知排量未发生变化但压力发生变化，曲阜站与滕州站的压差很小时，初步判断由于压差的缘故，导致清管器运行缓慢。因此，通过缩短监听间距、沿线排查，以及增加监听点来寻找球的位置。

（2）23：00 曲阜站与滕州站的压差达到 0. 36MPa，这时检测公司跟踪人员在站外 2km、4km、6km 及下游阀室处监听人员仍然未监听到清管器。这时检测公司怀疑是否是由于皮碗磨损导致清管器运行缓慢，继续等待了大约 0. 5h 后仍然未监听到，检测公司立即将站外 6km 处的监听点撤回到站外 2km 处，开始沿着管道向曲阜站进行找球。

（3）在站外 2km 范围未找到清管器后，经与曲阜分输站沟通，并经过北调同意后，关闭 1101#阀门，清管器顺利通过 1201#阀门。但到达 QS104 三通时又出现停滞现象，经站场人员关闭 1304#阀门后，清管器顺利出站。

案例 4：对清管器性能分析不足。

2013 年兰郑长咸阳—三门峡段先后发了 6 个清管器，推出的油砂等杂质从 308kg 逐渐降到不足 5kg。但是在 2014 年 1 月 15 日发送三轴高清漏磁检测器时，从该段管道内推出近 2000kg 的油砂，因杂质过多导致了此次检测失败。

解决方法：

（1）在后续的类似低输量管道上改进清管器结构，如采用双节或多节清管器，增强清洗能力和效果；

（2）在发检测器前，发送一个与检测器清洗管道能力一致的清管器。

（3）在实施清管作业前，根据管道状况、类似管道清管历史等基础信息，确定所需达到的目的，加强清管器性能需求分析，采用合适的清管器。

案例5：清管未能达到检测效果，导致检测失败。

在兰郑长咸阳—三门峡段最后一次清管时，推出的油砂不足5kg，满足了管道内检测的要求（推出的杂质不大于5kg）。但是在2014年1月15日第一次运行该段的漏磁检测器，在19日三门峡站收球时，清理出来近2000kg的油砂，导致了检测失败，同时给检测器的跟踪预判带来了很大的困难。

按照咸阳至三门峡段检测器在陕西境内的运行速度，预估检测器进入河南段境内后，由于流量增加和存在近200m的高程差，速度可以达到3~4km/h，但是实际运行平均速度只有2.3km/h。这直接导致判断检测器的运行时间误差达到10h。

原因分析：检测器进入三门峡收球筒后，发现检测器前端近1m长的油砂段，因检测器前面推着大量的油砂，导致了检测器运行的速度降低。同时，检测器通过时的声音比往常也小了很多，几乎听不到检测器通过的声音。

改进措施：后期优化清管器结构，这类型管道的清管器应与检测器的构造和清管能力匹配。

4. 风险分析不足

2013年11月20日惠宁线滚泉—石空段发送漏磁检测器，因推出的杂质过多，导致漏磁探头被蜡包裹，从而检测失败。这次失败的主要原因是风险分析不足：一是在11月1日发送一个清管器后，发现管道杂质不足5kg，达到内检测的要求；二是在2013年9月有过间隔21d发送清管器的情况，发现没有增加杂质，因此在检测器20号发送的这段期间，没有再安排发送清管器。这里面忽略了西北在11月份地温突降的因素，结蜡的速率增大，从而导致在检测的时候推出大量的软蜡包裹探头。

解决办法：重新发送清管器清管，并改进后续类似管道清管与检测器发送的间隔规定。

五、清管器为什么要设置泄流孔？

清管器设置泄流孔，在国外没有限制性的要求，但是一般都会设置，这种行为成为一种行业的惯例。但是这里有一点需要注意，清管器设置泄流孔并不是适用于所有的场景：输气管道，尤其是含水量较高的输气管道一般不允许设置泄流孔，因为这种情况下清管器设置泄流孔容易引起冰堵。输油等液体输送管道，为了避免清管器前端堆积的杂质过多而设置泄流孔，降低因清理的杂质过多而导致卡堵的风险。

泄流孔可以设置在皮碗上，也可以设置在骨架上。通常设置两排泄流孔采用非对称设置，这样的设计有两个作用：一是提高冲刷的效果；二是增加清管器自身的旋转动力，使得清管器的密封皮碗可以均匀摩擦，避免偏磨带来的运行不平稳，清管效果差。

六、天然气管线中存在的水是从哪里来的？

形成天然气存水的原因有：

（1）施工中多种原因导致管线进水，主要是管沟内地下水进入管线。在管线的吹扫过程中，由于管线存在过障碍弯、施工中管线坡度不规范造成的局部凹形等因素，即便吹扫排放口达到施工要求，管线中的水仍无法排出。

（2）吹扫后试压空气带入的水。因地区气候和工期原因，天然气管线试压时空气湿度相对偏大时，施工和管理单位也未认识到空气湿度因素，有时在雨后就安排试压，同时空气压缩设备基本上不设过滤干燥设施，造成潮湿高温空气进入，经 1h 强度试验和 24h 气密性试验，压缩空气温度降低，其中的水分就冷凝沉积下来。

水与天然气中碳氧化物、氢硫化物等结合产生酸性液体，对管线造成腐蚀；存于管线低洼处的水在天然气通过时局部节流及天然气水合物易形成管线栓塞，影响供气的平稳，给日后的天然气运行带来隐患。

第二章　管道内输送流体的力学特性

清管器都是在流体中运行的，依靠的是流体的推动力使其能够在管道中运行并达到清管的目的，因此在这里有必要对流体的特性进行介绍，以便更好地为清管器的设计、运行状态分析、异常事件处置等相关事件分析提供有力的理论支撑。

第一节　流体的物理性质

流动性是流体的基本物理属性。流动性是指流体在剪切力作用下发生连续变形、平衡破坏，产生流动，或者说流体在静止时不能承受任何剪切力。易流动性还表现在流体不能承受拉力。

一、流体的流动性

流体是液体和气体的统称，由液体分子和气体分子组成，分子之间有一定距离。但在流体力学中，一般不考虑流体的微观结构而把它看成是连续的。这是因为流体力学主要研究流体的宏观运动规律，它把流体分成许许多多的分子集团，称每个分子集团为质点，而质点在流体的内部一个紧靠一个，它们之间没有间隙，称为连续体。实际上质点包含着大量分子，例如在体积为 $10\sim15cm^3$ 的水滴中包含着 3×10^7 个水分子，在体积为 $1mm^3$ 的空气中有 2.7×10^{16} 个各种气体的分子。质点的宏观运动被看作是全部分子运动的平均效果，忽略单个分子的个别性，按连续质点的概念所得出的结论与试验结果是很符合的。然而，也不是在所有情况下都可以把流体看成是连续的。高空中空气分子间的平均距离达几十厘米，这时空气就不能再看成是连续体了。而我们把管道输送中所接触到的流体均可视为连续体。所谓连续性的假设，首先意味着流体在宏观上质点是连续的，其次还意味着质点的运动过程也是连续的。有了这个假设，就可以用连续函数来进行流体及运动的研究，并使问题大为简化。

二、质量与重度

流体的第一个特性是具有质量。单位体积流体所具有的质量称为密度，用符号 ρ 表示。

在均质流体内引用平均密度的概念，用符号 ρ 表示：

$$\rho=\frac{m}{V} \tag{2-1}$$

式中　m——流体的质量，kg；

V——流体的体积，m^3；

ρ——流体的密度，kg/m^3。

但对于非均质流体，则必须用点密度来描述。所谓点密度，是指当 $\Delta V \to 0$ 值的极限，即：

$$\rho = \lim_{\Delta V \to 0} \frac{\Delta m}{\Delta V} = \frac{dm}{dV} \tag{2-2}$$

式中　ρ——流体的密度，kg/m^3；

m——流体的质量，kg；

V——流体的体积，m^3。

公式中，$\Delta V \to 0$ 理解为体积缩小为一点，此点的体积可以忽略不计，同时，又必须明确，这点和分子尺寸相比必然是相当大的，它必定包括多个分子，而不至于丧失流体的连续性。

压强和温度对不可压缩流体密度的影响很小，可以把流体密度看成是常数。

流体的第二个特性是具有重量，这是流体第一个特性产生的必然结果。重度是流体单位体积内所具有的流体重量，即：

$$\gamma = \frac{G}{V} \tag{2-3}$$

式中　γ——流体的重度，N/m^3；

G——流体的重量，N；

V——流体的体积，m^3。

对于液体而言，重度随温度改变；而气体而言，气体的重度取决于温度和压力的改变。

$G = m \cdot g$，等式两边同时除以 V，得密度与重度如下关系：

$$\frac{G}{V} = \frac{m \cdot g}{V}$$

即：

$$\gamma = \rho \cdot g \tag{2-4}$$

式中　g——重力加速度，通常取 $9.81 m/s^2$；

ρ——流体的密度，kg/m^3；

γ——流体的重度，N/m^3。

三、黏滞性

当把油和水倒在同一斜度的平面上时，发现水的流动速度比油要快得多，这是因为油的黏滞性大于水的黏滞性。又如观察河流，可以明显地看到，越靠近河岸流速越小，越接近河心流速越高。这表明河岸对流体有约束作用，流体内部也有相互约束的作用力。这种性质就是流体的黏滞性。

通常黏性系数与压力的关系不大，如每增加 1kgf/cm^2 时，液体的黏性系数平均只增加 1/500～1/300，因此，在多数情况下可以忽略压力对液体黏性系数的影响。对于气体，由分子运动论得知：

$$\mu=(0.31\sim0.49)\ \rho vL \tag{2-5}$$

式中　μ——动力黏性系数，kg/(m·s)；

ρ——气体密度，kg/m^3；

v——气体分子运动速度，$\text{m}^2\text{/s}$；

L——分子平均自由行，m。

由于分子运动的速度 v 与压力 p 无关，在等温条件下，p 与 ρ 成正比而与 L 成反比，故压力变化时 μ 仍可保持不变。

至于黏性系数与温度的关系已被大量的实验所证明，即液体的黏性系数随温度的升高而减小，气体的黏性系数随温度升高而增大。这种截然相反的结果可用液体的微观结构去阐明。流体间摩擦的原因是分子间的内聚力、分子和壁面的附着力及分子不规则的热运动而引起动量交换，使部分机械能变为热能。这几种原因对液体与气体的影响是不同的。因为液体分子间距增大，内聚力显著下降，而液体分子动量交换的增加又不足以补偿，故其黏性系数下降。对于气体，则恰恰相反，其分子热运动对黏滞性的影响居主导地位，当温度升高时，分子热运动更为频繁，故气体黏性系数随温度升高而增大。

另外，在研究流体运动规律时，ρ 和 μ 经常是以 μ/ρ 的形式相伴出现，这时为了使用方便，就把 μ/ρ 叫做运动黏性系数，用符号 ν 表示：

$$\nu=\mu/\rho \tag{2-6}$$

式中　ν——运动黏性系数，$\text{m}^2\text{/s}$；

μ——动力黏性系数，kg/(m·s)；

ρ——气体密度，kg/m^3。

四、压缩性和热胀性

流体的可压缩性是指流体受压，体积缩小，密度增大，除去外力后能恢复原状的性质。可压缩性实际上是流体的弹性。

(1) 压缩系数 α_p，单位为 $\text{m}^2\text{/N}$ 或 Pa^{-1}。

液体的可压缩性用压缩系数来表示，它表示在一定温度下，压强增加一个单位体积的相对缩小率。若液体的原体积为 V，温度 T 不变，则压强增加 $\mathrm{d}p$ 后，体积减少 $\mathrm{d}V$，压缩系数为：

$$\alpha_p=-V^{-1}\cdot\frac{\mathrm{d}V}{\mathrm{d}p}=-\frac{\frac{\mathrm{d}V}{V}}{\mathrm{d}p} \tag{2-7}$$

式中　α_p——液体压缩系数，1/Pa；

V——原有体积，m^3；

$\mathrm{d}V$——体积改变量，m^3；

dp——压力改变量，Pa。

由于液体受压体积减小，dp 和 dV 异号，式中右侧加负号，以使 α_p 为正值，其值越大，则流体越容易压缩。

压缩系数的单位与比容的单位相同，比容是单位重量的流体占有的容积，它是定量流体容积大小的状态参数。比容与重度的关系为：

$$\gamma\nu = 1 \quad 或\ \gamma = 1/\nu \tag{2-8}$$

式中 ν——比容，m^3/N；

γ——重度，N/m^3。

注：气体的比容随温度和压力变化而变化。

根据增压前后质量不变，压缩系数可表示为：

$$\alpha_p = \frac{d\rho}{\rho \cdot dp} = \frac{\frac{d\rho}{\rho}}{dp} \tag{2-9}$$

式中 ρ——液体的密度，kg/m^3。

液体的压缩系数随温度和压力变化而变化。压缩系数的倒数是体积弹性模量，即

$$E = \frac{1}{\alpha_p} = -V \cdot \frac{dp}{dV} = \rho \cdot \frac{dp}{d\rho} \tag{2-10}$$

式中 E——体积弹性模量，Pa。

（2）热胀系数 α_V，单位为 1/℃或 1/K。

液体的热胀性用热胀系数 α_V 表示，它指在一定的压力下，升高一个单位温度所引起的流体体积的相对增加量。若液体的原体积为 V，则温度升高 dT 后，体积增加 dV，热胀系数为：

$$\alpha_V = \frac{\frac{d\rho}{\rho}}{dT} = \frac{\frac{dV}{V}}{dT} \tag{2-11}$$

式中 ρ——气体的密度，kg/m^3；

T——气体的热力学温度，K；

V——原有体积，m^3。

（3）气体的压缩性和热胀性。

气体具有显著的可压缩性和热胀性。这是由于气体的密度随温度和压强的改变将发生显著的变化。在 $T>253K$、$p>20MPa$ 时，常用气体（如空气、氮气、氧气、二氧化碳等）的密度、压力、温度三者之间的关系完全符合气体状态方程，即：

$$\frac{p}{\rho} = RT \tag{2-12}$$

式中 p——气体的绝对压力，N/m^2 或 Pa；

ρ——气体的密度，kg/m^3；

T——气体的热力学温度，K；

R——气体常数，$J/(kg \cdot K)$，对于标准状态下的空气 $R = 8314/M = 8314 \div 29 =$

287 J/(kg·K)；

M——气体的相对分子质量。

空气的气体常数 $R=287\text{J/(kg}\cdot\text{K)}$。当气体在压力很高、温度很低的状态下，或接近于液体时，不能当做完全气体看待，上式即不适用。

理想气体指一种假想的气体，它的质点是不占有容积的质点，分子之间没有内聚力。虽然自然界中不存在真正的理想气体，但是为了研究流体的客观规律，从复杂的现象中抓住主要环节而忽略某些枝节，在工程应用所要求的精度内使问题合理化，不至于引起太大的误差，就此意义来讲，引出理想气体的概念是十分重要的。

在研究管输气体介质时，完全可以引用理想气体的定律。空气在压力或温度变化时能改变自身的体积，具有显著的压缩性和热胀性，因此，当温度或压力变化时，气体的密度也随之变化。它们之间的关系服从理想气体状态方程，即：

$$p\nu=RT$$

或

$$p/\rho=RT \tag{2-13}$$

式中　p——绝对压力，N/m^2；

ν——比容，m^2/N；

T——热力学温度，K；

R——气体常数，J/(kg·K)，对于空气 $R=287\text{J/(kg}\cdot\text{K)}$。

理想气体状态方程（函数关系式）：

$$pV=\frac{mRT}{M}=nRT \tag{2-14}$$

式中　M——摩尔质量，kg/mol；

n——气体的物质的量，mol；

R——气体常数，J/(kg·K)；

p——气体压力，Pa；

V——气体体积，式中表示 m(kg) 气体的体积，m^3；

T——热力学温度，K。

五、表面张力特性

气体与液体、气体与固体的界面称为表面。作用于液体表面，导致液体表面具有自动缩小的趋势，这种收缩力称为液体表面张力。它产生的原因是液体与气体接触的表面存在一个薄层（称为表面层），表面层内的分子比液体内部稀疏，分子间的距离比液体内部大一些，分子间的相互作用表现为引力。就像把弹簧拉开些，弹簧反而表现具有收缩的趋势。正是因为这种张力的存在，有些小昆虫才能无拘无束地在水面上行走自如。

液体表面张力的大小，用表面张力系数 σ 表示，单位为 N/m。表面张力强弱可用表面张力系数描述，下面分别从力和能量两个角度研究表面张力现象。

1. 从力的角度描述

单一表面能力 $f=\sigma L$，这样 $\sigma=f/L$，即表面张力系数 σ 等于作用在每单位长度截线上的表面张力。σ 与两物质种类及温度 T 有关。

2. 从能量的角度描述

缓慢拉动液膜外力 F_1 做功（力平衡，F_2 代表内力），有：

$$W=F_1x=F_2x=\sigma 2Lx=\sigma S=E \tag{2-15}$$

式中 W——所做的功，N·m；

F_1——外力，N；

σ——液膜表面的张力，N/m；

L——液面分界线的长度，m；

x——作用在液膜表面的力移动的距离，m；

S——外力作用的面积，m^2；

E——液膜的表面能，N·m。

等温条件下，外力的功因克服表面张力全部转化为液膜的表面能，$W=E$，则：

$$\sigma=f/L=E/S \tag{2-16}$$

表面张力 σ 在数值上等于等温条件下液体表面增加单位面积时所增加的表面能。表面能是可以向外界机械能转化的表面分子间的作用势能。等温条件下，体积一定的液体处于平衡态时对应表面自由能极小值。

第二节　流体静力学

流体静力学主要研究流体静压强的分布，还包括容器壁的受力、自由表面的形成、静浮力、浮力定律、浮动物体的稳定性考虑、密度分布和温度分布等。

从广义上说，流体静力学还包括流体处于相对静止的情形，例如盛有液体的容器绕一垂直轴线做匀速旋转时的自由表面为旋转抛物面就是一例。人们在航空飞行，设计水坝、闸门等许多水工结构以及液压驱动装置和高压容器时，都需要应用流体静力学的知识。

一、流体静压强及其特性

流体静压强指流体处于平衡或相对平衡状态时，作用在流体的应力只有法向应力，而没有切向应力，此时，流体作用面上的负的法向应力即为流体静压强。用符号 P 表示，单位 Pa。

在静止液体中隔离出部分水体来研究，则必有抵消周围对隔离体表面的作用力，才能使水体保持静止状态，即为流体静压。

取水体表面任意一表面积 ΔA，该点总压力为 ΔP，则 ΔA 的平均静压强 p 为：

$$p=\frac{\Delta P}{\Delta A} \tag{2-17}$$

当表面某 a 点 ΔA 区域无限小（接近一点时），则 a 点的静压强 p 为：

$$p=\lim_{\Delta A\to a}\frac{\Delta P}{\Delta A} \tag{2-18}$$

式中　p——流体静压强，Pa；

ΔP——作用在流体面积上的静压力，N；

ΔA——流体面积，m^2；

$\lim\limits_{\Delta A\to a}$——$\Delta A\to$a 变化值的极限。

这个极限值 p 称为 a 点的静压强。流体静压强为“力/面积”。

流体静压强特性主要包括：

（1）流体静压强的方向必然是沿着作用面的内法线方向，因为静止流体不能承受拉应力且不存在切应力，所以只存在垂直于表面内法线方向的压应力——压强。

（2）在静止或相对静止的的流体中，任一点的流体静压强的大小与作用面的方向无关，只与该点的位置有关。

这里需要注意：流体静压强必然垂直于其所作用的面积，也就是说，压力 ΔP 必然沿着内法线的方向作用于面积 ΔA。假设压强 p 不垂直于它所作用的面积，则可以将压力 ΔP 分解成沿 ΔA 面的法线方向和切线方向上的两个力。ΔP 的切向力必将破坏流体的平衡，引起流动。因此，当流体相对静止时，只有法线方向的力存在，而且沿着内法线方向作用，因为拉力的作用也会破坏流体的平衡。这就说明了流体静压强总是沿着内法线方向垂直于其所作用的面积。

二、流体静压强分布规律

液体静力学基本方程的一种形式：均质静止液体中任意两点的压强等于两点间的深度差乘以密度和重力加速度，即：

$$p_2=p_1+\rho\cdot g\cdot\Delta h \tag{2-19}$$

式中　p——液体某点的压强，Pa；

ρ——液体密度，kg/m^3；

g——液体的重力加速度，液体水通常取 9.81m/s^2；

h——某点在液面下的深度，m。

静止液体中压强随深度按直线变化规律的三个重要结论：

（1）静止液体内部，压强大小与容器形状无关，由液面压强、该点在液面下深度与液体密度和重力加速度决定。

（2）水平面是等压面，对于同一静止液体而言，深度相同各点压强也相同。深度相同的各点组成的平面为水平面，故水平面是等压面。

（3）水静压强等值传递的帕斯卡定律，即：静止液体任意一边界上压强的变化将等值传递到其他各点。

液体静力学基本方程的另一种形式：

（1）不可压缩流体处于静止状态时，其内部任何一处的位势能与静压能之和（总比能）为常数。

$$z+\frac{p}{\rho g}=C\text{（常数）}$$

或

$$zg+\frac{p}{\rho}=C\text{（常数）} \tag{2-20}$$

（2）不可压缩流体处于静止状态时，其内部任意一处的静压能与势能之和等于任意另一处的静压能与势能之和。

$$z_1+\frac{p_1}{\rho g}=z_2+\frac{p_2}{\rho g}$$

或

$$z_1 g+\frac{p_1}{\rho}=z_2 g+\frac{p_2}{\rho} \tag{2-21}$$

式中　z——某点位置到基准面（绝对压力为零的平面）的高度，m；

p——液体某点的压强，Pa；

ρ——液体密度，kg/m^3；

g——液体的重力加速度，液体通常取 $9.81m/s^2$；

$\frac{p}{\rho g}$——该点在压强作用下可沿测压管所能上升的高度，m。

气体或液体分子总是永远不停地做无规则的热运动。在管道中这种无规则的热运动，使管道中的分子间不断地相互碰撞，这就形成了对管道的撞击力。虽然每个分子对管道壁的碰撞是不连续的，致使撞击力也是不连续的，但是由于管道中有大量的分子，它们不停且非常密集地碰撞管壁，因此，从宏观上就产生了一个持续的且有一定大小的压力。正如雨点落到伞面上，虽然每个雨点对伞面的作用力并不是连续的，但是，大量密集的雨点落到伞面上，就能感觉到雨点对伞面形成了一个持续的压力。对管壁而言，作用在管壁上压力的大小取决于单位时间内受到分子撞击的次数以及每次撞击力量的大小。单位时间撞击次数越多，每次撞击的力量越大，作用于管壁的压力也越大。

压强的大小可用垂直作用于管壁单位面积上的压力来表示，即：

$$p=\frac{\boldsymbol{F}}{A} \tag{2-22}$$

式中　p——压强，N/m^2；

$\boldsymbol{F}$——垂直作用于管壁的合力，N；

A——管壁的总面积，m^2。

为了满足工程上的需要，压强可按以下三种方法进行计算（图 2-1）。

绝对压强——计算压强以完全真空（$p=0$）为基准（零点）算起，称绝对压强，其值为正。

相对压强——计算压强以当地大气压（p_a）为基准（零点）算起，称相对压强或表压。

如图 2-1 中 1 点的压强高于当地大气压（$p_1>p_a$），为正压：$pm_1=p_1-p_a$。

如图 2-1 中 2 点的压强低于当地大气压（$p_2<p_a$），为负压：$pm_2=p_2-p_a$。

真空度——绝对压强低于大气压强时，其大于大气压的数值称为真空度。以液柱高度表示为：

$$h=\frac{p_a-p}{\gamma} \tag{2-23}$$

式中　h——液柱高度，m；

p_a——当地大气压，N/m^2；

p——压强，N/m^2；

γ——比重，kg/m^3。

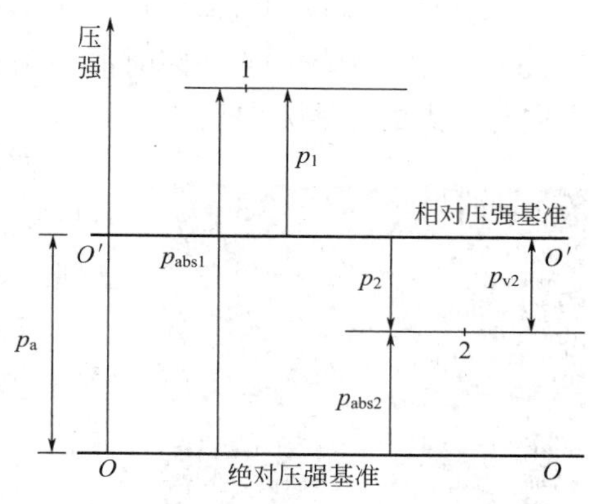

图 2-1　压强的三种表达方法关系示意图

第三节　流体动力学

一、流体流动的有关概念

充满运动流体的空间称为流场。用以表示流体运动特征的一切物理量统称为运动参数，如速度 v、加速度 a、密度 $\boldsymbol{\rho}$、压力 p 和黏性力 $\boldsymbol{F}$ 等。

流体运动规律，就是在流场中流体的运动参数随时间及空间位置的分布和连续变化的规律。

（1）有压流：液体在压差的作用下流动，并且液体周围与固体壁面相接处无自由面，这种流动称为有压流。

（2）无压流：如果自由水面上通常仅作用着大气压力的流动，这种流动称为无压流。

（3）恒定流：流场中各点上流体的运动参数（流速、压强、黏性力、惯性力）不随时间而变化，这种流动称为恒定流，如图 2-2 所示。

（4）非恒定流：流场中各点上流体的运动参数（流速、压强、黏性力、惯性力）随时间变化，这种流动称为非恒定流，如图 2-3 所示。

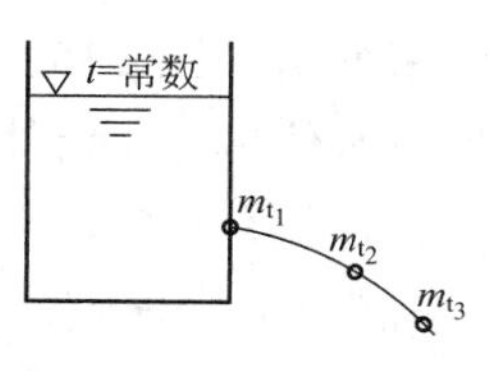

图 2-2　恒定流示意图

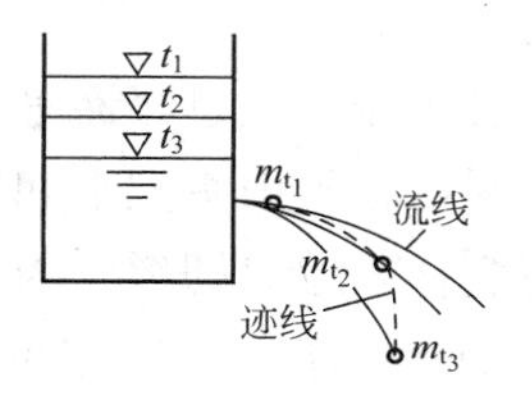

图 2-3　非恒定流

（5）迹线：流场中流体质点在一段时间内运动的轨迹称为迹线。

（6）流线：流场中某一瞬时的一条空间曲线，在该线上各点的流体质点所具有的速度方向与该点的切线方向重合。

图 2-4　流线谱流线

流线是流场中这样一条曲线，曲线上任一点的切线方向与该点的流速方向重合。流线是欧拉法描述流体运动的基础。如图 2-4 为流线谱中显示的流线形状。

（7）均匀流：流场内同一质点流速的大小和方向沿程均不发生变化的流动，均匀流的流线是相互平行的直线。均匀流的过流断面为平面。

（8）非均匀流：流场内同一质点流速的大小和方向沿程发生变化的流动，非均匀流又分为急变流和渐变流。

急变流：流线曲率较大或流线间夹角较大、流速沿程变化较急剧的流动。

渐变流：流线曲率很小、流速沿程变化较平缓，且线间近乎平行的流动（渐变流沿流向变化所形成的惯性力较小，其过流断面可认为是平面）。

（9）过流断面：流体运动时与流体的运动方向垂直的流体横断面（流过断面可能是平面也可能是曲面），用符号 A 表示，单位 m^2。

（10）体积流量：单位时间内通过过流断面的流体体积称为体积流量，用符号 Q 表示，单位 m^3/s、m^3/h。

（11）断面平均流速：单位过流断面的体积流量称为断面平均流速，用符号 v 表示，单位 m/s。

$$v=\frac{Q}{A} \tag{2-24}$$

对于恒定流的偏微分方程：

$$\frac{\partial v}{\partial t}=0k\ \frac{\partial p}{\partial t}=0 \tag{2-25}$$

对于非恒定流：

$$\frac{\partial v}{\partial t}\neq 0k\ \frac{\partial p}{\partial t}\neq 0 \tag{2-26}$$

式中　v——流速，m/s；

　　　p——压强，Pa；

　　　t——时间，s。

上述两种流动可用流体经过容器壁上的小孔泄流来说明（图 2-5）。

图 2-5(a) 表明：容器内有充水和溢流装置来保持水位恒定，流体经孔口的流速及压力不随时间变化而变化，流出的形状为一不变的射流，这就是稳定流。

图 2-5(b) 表明：由于没有一定的装置来保持容器中水位恒定，当孔口泄流时水位将渐渐下降。因此，其速度及压力都将随时间而变化，流出的形状也将是随时间而改变的

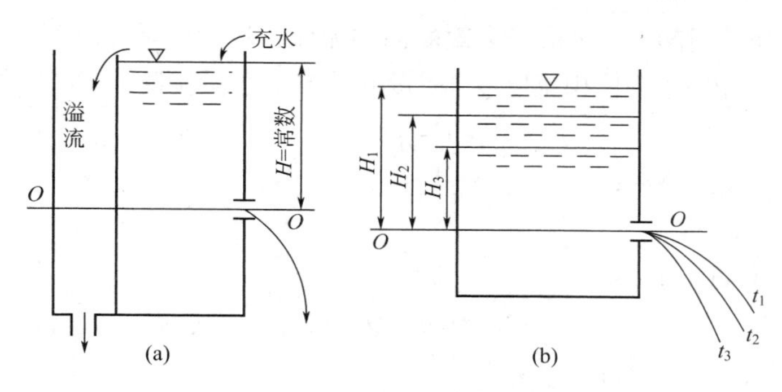

图 2-5　流体经过容器壁上的小孔泄流

注：H、H_1、H_2、H_3 代表不同液面的高度；t_1、t_2、t_3 代表不同时刻

流，这就是非稳定流。

在通风除尘网路中，如果网路阻力不变，风机转速不变，则空气的流动可视为稳定流动。在气力输送网路中，如果提升管的输送量不变，管内空气流动也可以视为稳定流动。

（12）流管：流场中画一条封闭的曲线，经过曲线的每一点作流线，由这些流线，所围成的管子称为流管，如图 2-6 所示。

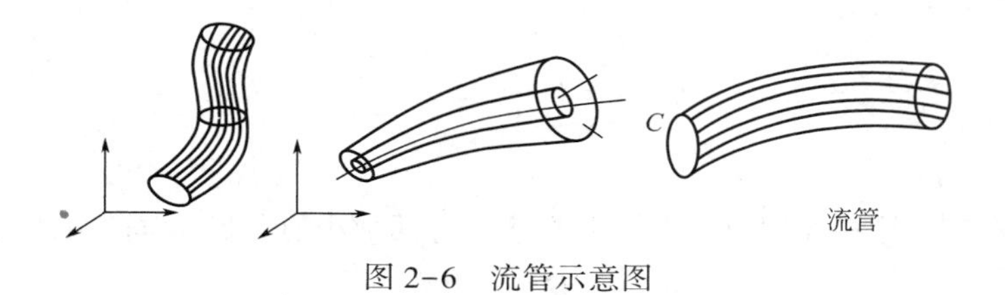

图 2-6　流管示意图

非稳定流时流管形状随时间变化；稳定流时流管形状不随时间而变化。

由于流管的表面由流线所组成，根据流线的定义，流体不能穿出或穿入流体的表面。这样，流管就好像刚体管壁一样，把流体运动局限于流管之内或流管之外。故在稳定流时，流管就像真实管子一样。

（13）流束：充满在流管中的运动流体（即流管内流线的总体）称为流束。断面无限小的流束称为微小流束。

（14）总流：无数微小流束的总和称为总流，如水管及风管中水流和气流的总体。

（15）有效断面：与微小流束或总流各流线相垂直的横断面，称为有效断面，用 dA 或 A 表示。在一般情况下，流线中各点流线为曲线时，有效断面为曲面形状；在流线趋于平行直线的情况下，有效断面为平面断面。因此，在实际运用上对于流线呈平行直线的情况下，有效断面可以定义为与流体运动方向垂直的横断面，如图 2-7 所示。

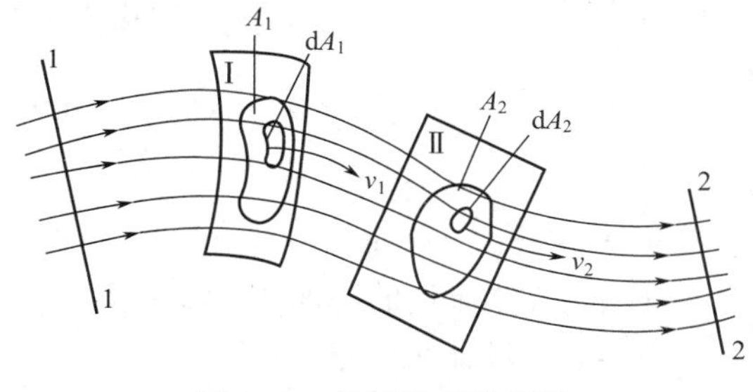

图 2-7　有效断面示意图

（16）流量：单位时间内流体流经有效断面的流体量称为流量。流量通常用流体的体积、质量或重量来表示，相应地为体积流量 Q、质量流量 M 和重量流量 G。它们之间的关系为：

$$G=\gamma \cdot Q \tag{2-27}$$

式中 G——重量流量，N/s；

γ——比重，N/m^3；

Q——体积流量，m^3/s。

$$M=\gamma/g \cdot Q=\rho \cdot Q \tag{2-28}$$

式中 M——质量流量，kg/s；

γ——比重，N/m^3；

g——重力加速度，m/s^2；

ρ——密度，kg/m^3；

Q——体积流量，m^3/s。

$$Q=G/\gamma=M/\rho \tag{2-29}$$

式中

Q——体积流量，m^3/s；

G——重量流量，N/s；

γ——比重，N/m^3；

M——质量流量，kg/s；

ρ——密度，kg/m^3。

对于微小流束，体积流量 dQ 应等于流速 v 与其微小有效断面面积 dA 之乘积，即：

$$dQ=v \cdot dA \tag{2-30}$$

对于总流而言，体积流量 Q 则是微小流束流量 dQ 对总流有效断面面积 A 的积分，即：

$$Q=\int v \cdot dA \tag{2-31}$$

（17）平均流速：由于流体有黏性，任一有效断面上各点速度大小不等。由实验可知，总流在有效断面上速度分布呈曲线图形，边界处 v 为零，管轴处 v 为最大。设想有效断面上以某一均匀速度 v 分布，同时其体积流量等于以实际流速流过这个有效断面的流体体积，即：

$$vA=\int v \cdot dA=Q$$

则有：

$$v=\frac{\int v \cdot dA}{A}=\frac{Q}{A} \tag{2-32}$$

式中 v——速度，m/s；

A——流体流过的截面积，m^2；

Q——流体体积流量，m^3/s。

根据这一流量相等原则确定的均匀流速，就称为断面平均流速。工程上所指管道中的平均流速，就是这个断面上的平均流速 v。平均流速就是指流量与有效断面面积的比值。

二、连续性方程

因为流体是连续的介质，所以在研究流体流动时，同样认为流体是连续地充满它所占据的空间，这就是流体运动的连续性条件。因此，根据质量守恒定律，对于空间固定的封闭曲面，非稳定流时流入的流体质量与流出的流体质量之差，应等于封闭曲面内流体质量的变化量。稳定流时流入的流体质量必然等于流出的流体质量，这结论以数学形式表达，就是连续性方程。

当空气在管道内作稳态流动时，其速度将随着截面积的变化而变化。通过实验还可以观察到，其静压力也将随着截面积的变化而变化。这就启发人们，只能从截面的变化上去分析原因。这个现象表明，截面大的地方流速小、压力大，截面小的地方流速大、压力小。但这一现象并不表明静压力与速度在数值上成反比关系，它只是反映了静压力与动压力在能量上的相互转换。

伯努利方程是流体力学中重要的基本方程式，该方程式表明了一个重要的结论：理想流体在稳态流动过程中，其动能、位能、静压力之和为一常数，也就是说三者之间只会相互转换，而总能量保持不变。该方程通常称为理想流体在稳态流动时的能量守恒定律或能量方程。当空气作为不可压缩理想流体处理时，也服从这个规律。

第三章　清管器的分类、设计与选用

第一节　清管器的分类

清管器清洁管道依靠管道内流体的自身压力或通过其他设备提供的水压或气压作为动力，推动清管器在管道内向前移动，刮削管壁污垢，将堆积在管道内的污垢及杂物推出管外。清管器在管道中前进是靠前后压差来驱动的，具体的驱动方式有两种：一种是利用流体的背压作为清管器行走的动力，并在推进中清除清管器前方管道中的污垢，这种方式适合对较短管道的清洗；另一种是利用从清管器周边泄漏的流体产生的压力，使附着在管壁上的污垢粉化并被排送出去，这种方式较适合长管道的清洗。

这里简单说明一下清管器的运动原理。清管器在运动过程中主要受到来自输送介质的推动力 $\boldsymbol{F}$ 和运行阻力 $\boldsymbol{F'}$。运行阻力主要为清管器与管壁的摩擦阻力 f_1，清管器在推力 $\boldsymbol{F}$ 作用下刮削管内杂质时杂质对清管器产生的抗剪切阻力 f_2，清管器前面的杂质在移动过程中与管壁产生的摩擦阻力 f_3 及输送介质的流动阻力 f_4。清管器在管道中运行的加速度等于（$\boldsymbol{F}-\boldsymbol{F'}$）/$m$。当 $\boldsymbol{F}>\boldsymbol{F'}$时，则加速度大于零，清管器做加速运动，会使清管器的背压逐渐减小，引起推力 $\boldsymbol{F}$ 也逐渐减小；当 $\boldsymbol{F}=\boldsymbol{F'}$时，清管器做匀速前进。当 $\boldsymbol{F}<\boldsymbol{F'}$时，则加速度小于零，清管器做减速运动，会使清管器的背压逐渐增大，引起推力 $\boldsymbol{F}$ 也逐渐增大；当 $\boldsymbol{F}=\boldsymbol{F'}$时，清管器也做匀速前进。因此，整个清管器的运动系统是一个具有一定自我调节能力的系统，始终使清管器保持做匀速前进的趋势。但当 $\boldsymbol{F'}$变化到大于介质在清管器前后压差形成的推动力时，则清管器的运行速度等于零，产生清管器卡堵或者停滞事件。其实在清管器的卡堵事件里面，有很多是通过清管器选型和设计改造可以避免的。下面就通过清管器的工作原理来介绍清管器的种类。

工业应用的清管器多种多样，如图 3-1 所示，基本可以分为两组：

图 3-1　工业清管器示意图

（1）“清洁清管器”，用于移除管道内残留的固体物质或者杂质。

（2）“密封清管器”，用于移除积存的液体，分离不同的液体，填充、干燥等。

清洁清管器也常被称为“刮刀清管器”，密封清管器也常被称为“隔离清管器”或者“清扫清管器”，如图 3-2 所示。

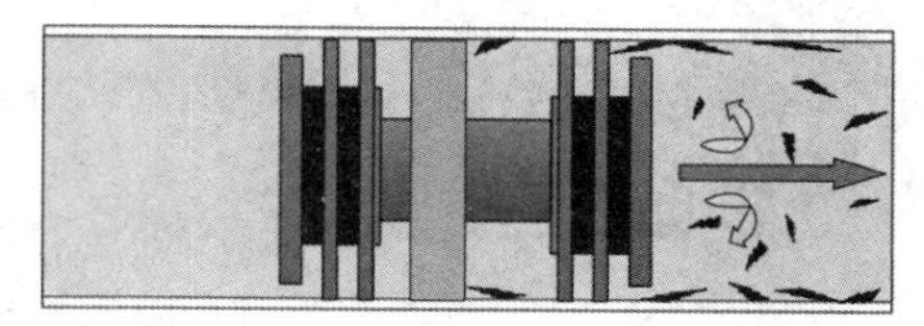

图 3-2　清管器清洁和密封示意图

用来清洁管道的清管器类型选择依赖于需要清除什么样的杂质。一般来说，管道经过长期的输送会沉淀、积存或多或少的其他物质，这些积存的物质会影响正常的输送，这就需要定期发送大量的清管器来解决这个问题，以提高管道的输送能力。通常不会选择单一结构的清管器来清理某一条管道，而是选择一系列的清管器按照一定的先后顺序来清洁管道。

类似地，密封清管器的最终类型和结构选择将依赖于所要达到的目的。密封清管器的典型应用包括：

（1）从气体管线中清除冷凝物或者液体。

（2）在多种流体的管线中隔离不同的液体，如图 3-3 所示。

（3）在压力测试前对管线填充。

（4）在压力测试完成后对管线进行干燥。

（5）投产（甲醇、氮气等的隔离塞）。

（6）在役管道涂敷内涂层。

（7）用于停输前的扫线。

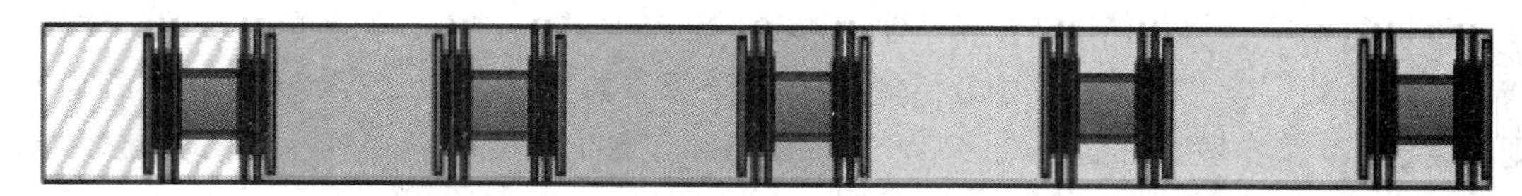

图 3-3　清管器隔离液体示意图

为了满足不同方面的需求，清洁和密封清管器提供了四种不同的形式：

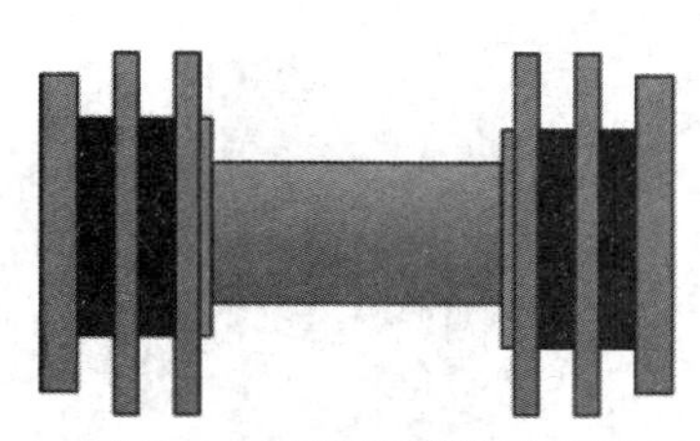

图 3-4　骨架清管器示意图

（1）骨架清管器：由许多不同部件组成，备件随时可以得到。骨架清管器几乎覆盖了所有的尺寸，如图 3-4 所示。这种清管器是目前内检测清管应用的主要清管器类型。

（2）泡沫清管器：由模型铸造而成，通常使用聚氨酯材料。在硬质的聚氨酯轮廓上固定着刷子、钉子等，这些永久粘贴在泡沫清管器上，不可拆卸。泡沫清管器几乎覆盖了所有的尺寸。一般首次清管或者投产前清管都会选择发送一个泡沫清管器，以试探管道的通过能力。

（3）硬质铸造清管器：由模型铸造而成，通常使用聚氨酯材料，如图 3-5 所示。这种清管器只在小尺寸的管道上应用。

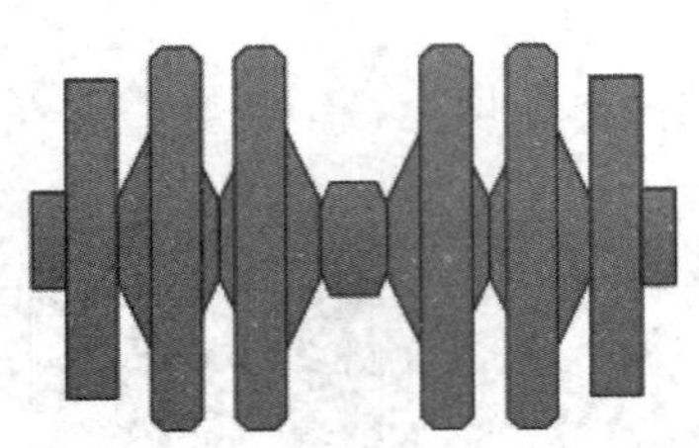
图 3-5　硬质铸造清管器示意图

（4）清管球：通常用水或者甘醇填充，这些清管器可以膨胀到最适宜的尺寸。清管球几乎覆盖了所有的管道尺寸。

值得注意的是，一般标准的清管器只能朝一个方向运行，现在也设计出很多具有双向运行能力的清管器，称为“双向清管器”。另外，还有一些多直径清管器能够通过多种管径的管道（一般来说，这种多直径清管器也就通过存在一种或者两种变径的管段，且对于变径的大小会有一定的要求）。

一、骨架清洁清管器

骨架清管器通常由很多部件组成，通过骨架将各个部件连接起来。这个骨架可以根据需要更换。

清管器的主要部件就是清管器主体，再加上各种类型的皮碗，不论是碟形或者直板形的皮碗，都是用来给清管器提供动力，并且通过剐蹭或者清扫管壁来清洁管道。用来清洁管道的部件有些安装在弹簧上，每个部件之间有一定的空间，以改善清管器的通过能力。

通过详细的设计，相对较少数量的标准部件可以根据不同管道类型通过不同的方式组装起来。

骨架清洁清管器在轮廓方面有多种方式（图 3-6）。主要的区别在于密封板的数量、密封板之间的空间、整体长度以及清洁部件的类型和空间。

管道的条件是确定骨架清洁清管器组装方式的主要考虑因素。弯头的曲率半径将决定清管器整体的长度，就像其决定安装密封和清洁部件的位置一样。弯头的曲率半径越小，则清管器设计得越短才能通过这个弯头。较小的弯头曲率半径只有较短的清管器才能通过，这也意味着只能有一组清洁部件安装在清管器上，密封部件也必须安装在清管器的两头（图 3-7）。

图 3-6　典型带弹簧部件的骨架清管器

图 3-7　典型的钢刷清管器

通常，150mm 或者更大的清管器会将清洁部件安装在弹簧上（图 3-8），保持清洁部件与管壁之间发生摩擦时具有良好的接触。

小于 150mm 的清管器通常使用轮式清洁部件，因此也就不需要考虑摩擦补偿的问题。

为了保障对管道内壁的全部覆盖，清洁部件的安装一般会相互重叠，以便提供更好的清洁效果。

图 3-8　典型的弹簧式骨架清管器

如果在管道上存在单向阀，这也是影响清管器设计的重要因素。清管器必须足够长，密封的空间必须超过单向阀孔径，保障至少有一个密封部件始终处于密封的位置，避免因通过单向阀时发生泄流导致清管器在单向阀位置上停滞。有一些清管器在其中间或者接近中间的位置设计密封部件，来帮助清管器顺利通过单向阀。

如果清管器的长度不受限制，那么通常设计两排清洁部件，尽可能大，这两排清洁部件之间可以相互重叠，以提高清洁效果。

清管器的供应商一般会有多种部件来满足不同管道条件对于清管的需要。例如通过单向阀的清管会将密封部件安装在清管器的两头，而将两排清洁部件安装在密封部件之间。另外，这些部件也可以安装在清管器尾端（图 3-9），清洁部件之间有一个密封部件，这样可以让清管器更好地通过弯头，每一个密封部件前面的清洁部件可以达到相类似的清洁能力。

如果管道中存在阀门，且阀门内径不是连续的，如闸阀，密封长度需要大于内径不连续的空间，以便清管器获得足够的支撑，并且保障前端的密封部件不会掉进阀门的间隙中。针对这种情况，可以在清管器的中部增加一个密封部件或者两个密封部件布置在清管器的前端，并保障两者之间有足够大的间距通过阀门（图 3-10）。

图 3-9　典型的尾端安装密封皮碗的弹簧式骨架清管器

图 3-10　典型的磁铁钢刷骨架清管器

如果管道中存在旁通，清管器密封部件之间的空间长度必须超过旁通孔的孔径。这也就意味着有时候一个清管器必须足够短，以便通过管道弯头，但同时也要保障足够长来满足清管器顺利通过旁通、单向阀或者其他管壁不连续的管道。针对这种情况，也可以采用两个较短的清管器通过万向节连接起来（图 3-11），解决上述问题。这种方法使清管器能够适用于管道中的所有状况。

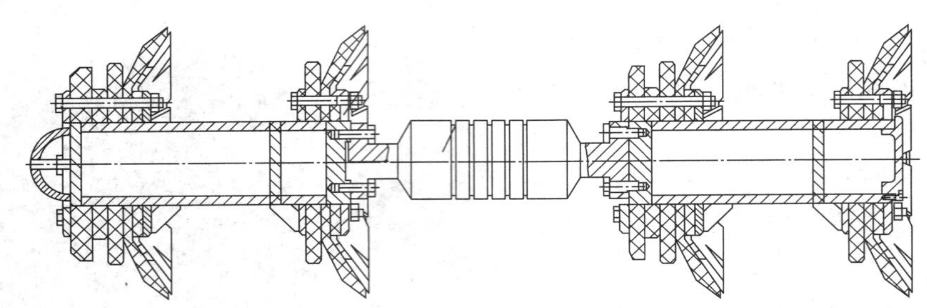

图 3-11　典型的多节清管器连接方式

二、骨架密封清管器

骨架密封清管器类似于清洁清管器，差别在于没有清洁部件。这种清管器也有多种类型来满足特殊管道清管的需求。

有许多因素都会影响密封清管器和清洁清管器的设计，但是两个密封部件之间的间距对于密封清管器的重要性要远大于清洁清管器。对于一个清洁清管器，只需要获得一个密封的空间，在清管器前后形成压差，从而驱动清管器运行即可。事实上，对于清洁来说，有些在密封部件上的泄漏或者“旁通”对清洁管壁是有利的。但是对于密封清管器来说，其目的就是为了隔离清管器前后的空间，目的不同，从而决定了两种清管器的密封部件类型和空间也不同。

一个密封清管器将安装多个密封部件，范围一般从 2 个到 6 个，有时候会安装更多。密封部件可以粗略地分为三类（图 3-12）：

（1）“碟形”密封（Cup Seal），这是最早的类型，从液压活塞衍生而来。

（2）“圆锥形”密封（Conical Seal），起源于早期的内检测工具。

（3）“直板形”密封（Disc Seal），起源于双向清管器。

对于较小弯头曲率半径的管道需要较短的清管器，密封部件不得不紧贴在一起。对于较长的清管器，可以有均匀分布的密封空间或者密封部件位于两者的末端（图 3-13）。

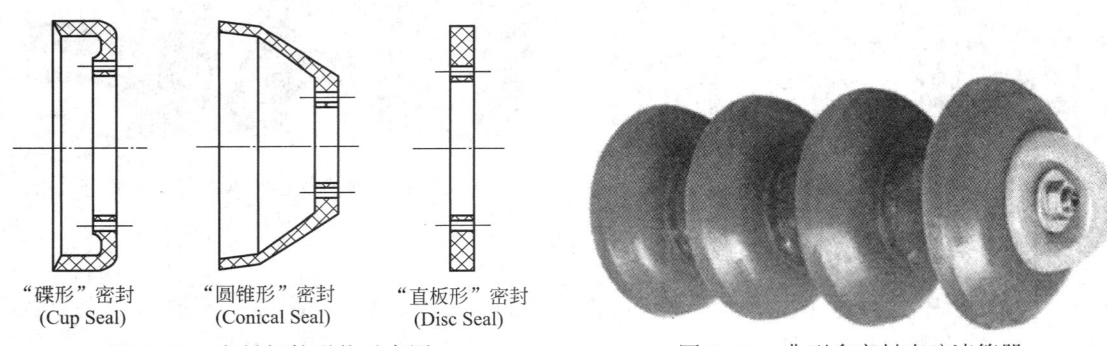

图 3-12　密封部件形状示意图　　图 3-13　典型多密封皮碗清管器

当管径变得更大时，清管器也必须有足够的长度来通过弯头、单向阀和旁通等，因此清管器需要满足一些应用的需求。

三、泡沫清管器

随着各类清管产品的大规模应用，使用塑性材料制作管道清管器具有明显的优势。因为其价格低廉、不需要维护维修以及降低了卡堵的风险，因此受到广大运营商的青睐。但同时由于材料选用不合适以及在不适用的场合也使用了该类产品，结果导致了早期的一些泡沫清管器得到的评价不是很高。

20 世纪 80 年代以来这项技术有了比较好的发展，泡沫材料也有了很好的抗剪切和抗摩擦的性能。2000 年以后，也有许多制造商生产泡沫清管器，并且在这些泡沫清管器产品中形成了近 30 种的标准类型。

泡沫清管器已经广泛应用在管道行业，特别是在管道修复工作中。它们也有其他的特殊用途，对于那些没有进行常规清管的管道，为了避免不必要的麻烦，也会尝试先发送一个泡沫清管器。

泡沫清管器都是单个开孔的聚亚氨酯泡沫结构。单个开孔结构是为了在清管器遇到管道压力波动时不至于快速被压缩。

泡沫清管器重量比较轻，容易处理，但是当单孔泡沫清管器从运行完的液体管道中取出时，由于泡沫清管器中吸附了大量的液体产品，从而使泡沫清管器变得很重，这时候就需要特殊的工具来取出清管器（图 3-14）。

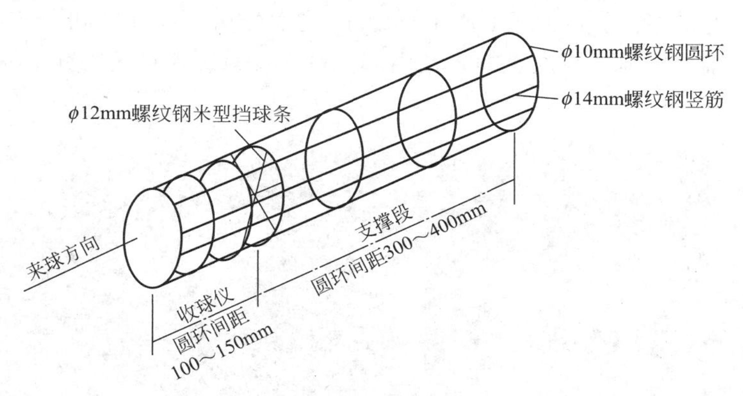

图 3-14　典型的泡沫清管器收球工具示意图

泡沫清管也可以是简单的圆顶形状，尾部和头部都是平的。尽管如此，一般在泡沫清管器的尾部会涂敷一层薄的聚氨酯涂层，防止流体进入到单孔的泡沫清管器中。

泡沫的密度通常为 $32\sim128kg/m^3$，选择多大的密度取决于所要达到的目的。通常密度越高，寿命越长，性能就越好。泡沫清管器前端的弧形通常呈圆锥或者穹顶的形状，在尾端呈凹形的表面。

普通的泡沫清管器通常用来作为密封清管器，在其表面有一层薄的聚氨酯涂层用来延长其使用寿命。采用圆锥形的顶端可以减少接触管壁的长度，降低荷载。但是一个好的密封，清管器必须保持与管壁的良好接触，为了达到这种目的，交叉的或者螺旋的硬质聚氨酯条会绑缚在泡沫清管器外面（图 3-15）。这种聚氨酯条提供了更好的抗剪切和耐摩擦的能力，就如同对摩擦的一些补偿。

图 3-15 典型的带螺旋耐磨材料泡沫清管器

泡沫清管器用来清洁管道的时候，会有各种各样的外部涂层。涂层有可能覆盖整个接触管壁的表面或者有条状的硬质材料绑缚在清管器上。这些涂层也可以镶嵌在泡沫清管器中。泡沫清管器的设计是不能重复利用，当摩擦超过使用可接受的范围，它们就作废了。

泡沫清管器的优势在于：

（1）通常价格比较低廉，容易获得。

（2）可根据需要扩张。

（3）比较柔软，不容易发生卡堵。

（4）比较容易塞进发球筒内，不需要发球架。

泡沫清管器的劣势在于：

（1）清洁的效果比其他类型的清管器差。

（2）相比其他清管器，泡沫清管器的使用寿命更短。

（3）因为是单孔的材料，使用泡沫清管器运行后里面会充满产品，因此需要在储存和处理方面进行特殊考虑。

尽管许多泡沫清管器制造商都能提供类似的产品，但要成为在制造泡沫清管器方面非常专业的公司也是非常难的。Decoking Descaling 技术公司（DDT）和 PEC 公司研发了密度非常高的清管器，模制的螺纹钢插入其内部（图 3-16）。这种硬钢针型清管器能够用来清洁特殊的管道。

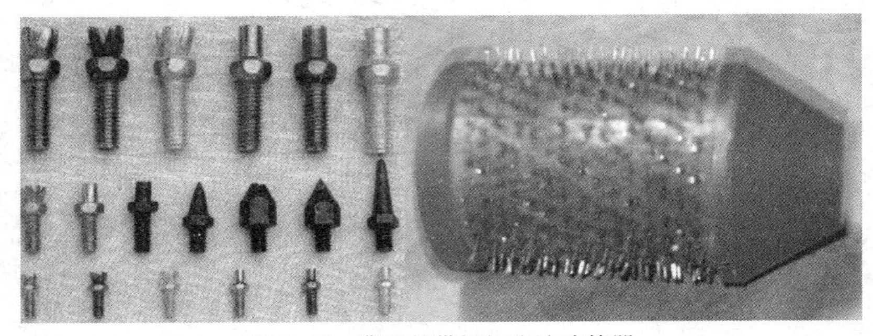
图 3-16 典型的带钢钉泡沫清管器

DDT 能够供应圆锥形和球形的清管器。这些清管器通常用来清出大的、比较重的污垢，在这种情况下，它们也不易卡堵，相比骨架清管器具有更大的柔性。

四、硬质铸造清管器

硬质铸造清管器通常由聚氨酯材料制造，用来作为密封清管器（图 3-17）。硬质铸造清管器也用来作为与骨架清管器产生同样效果的产品，但是一旦这种清管器被购买来用于特定的用途，那么将不再需要购买其他清管器，因为这种清管器可以反复使用，并且耐用多年。

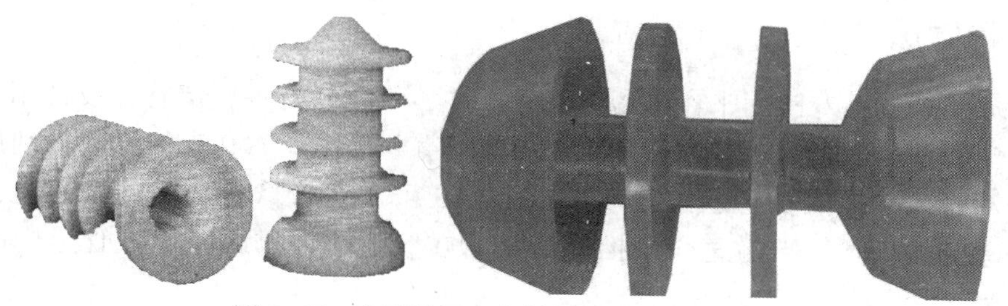

图 3-17 典型的用于密封的硬质铸造清管器

清管器运回到发球位置的运输成本一直以来是运营商们在使用坚固的铸造清管器不太满意的地方。

硬质铸造密封清管器通常应用在尺寸比较小的管道上。许多小口径管线一般都不长，清管器也不会太重，因此也没有磨损的问题。这类清管器的过盈量只要很小就能满足磨损的补偿，在任何情况下，替换的成本都比较小。这种类型的清管器也能应用在工艺管道系统中。

一些公司现在能够生产更大尺寸的这类清管器，有些类型的标准尺寸达到了 914mm。

对于清洁来说，清管器需要装备整体的直板。清洁部件也需要安装在硬质铸造清管器上，以便满足除去杂质达到清洁清管器的要求（图 3-18）。

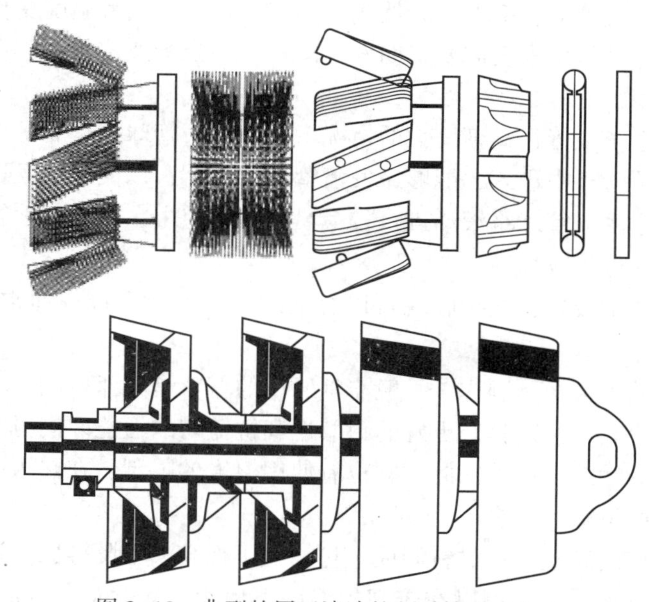

图 3-18 典型的用于清洁的硬质铸造清管器

对于那些全部部件都是采用铸造聚氨酯的硬质清管器来说，有一些供应商能够提供相应的部件。这些清管采用聚氨酯密封，并且相互之间有足够的空间。它们可能有碟形的密封或者直板形的密封，就像骨架清管器一样，能够根据不同的轮廓进行装配。直板形密封，由于其刚性，也可以发挥清洁部件的作用。这些清管器能够满足管道运营商的不同需求，解决运营商担心的钢质部件与管壁接触可能损坏管道内表面的问题。

五、清管球

清管球几乎就是专门用来作为密封清管器的，不过也有一些清管球设计用来清除固体杂质。清管球的制造过盈量一般为2%~5%管道公称内径。其工作原理是利用输送介质压力将清管球从被清扫管道的始端推向末端，由于清管球有一定的过盈量，在管道内处于卡紧密封状态，当输送介质推动清管球在管道中前进时，便将管道内的各种杂物清扫出来。

特别需要注意的是，管道的设计应确保清管球能够通过任何的空白或者障碍，能够一直保持密封的效果。在通过三通的位置时有可能导致停球，因此所有管道分输的地方必须安装挡条，避免清管球跑进去。

尽管它们效率相对来说比较低，但是清管球也是多种多样的。它们可以通过非常小曲率半径的弯头，并且滚动起来非常自由。这也就意味着它们能够沿着侧面进入较大管线的三通里面，然后在干线球筒里面放进一个适合干线的清管器，通过干线的清管球再把从三通进入干线的小的清管球推出来。这种多样化有助于解决复杂结构管道的清管问题，如集输管道的清管。

清管球的形状也使得它们可以实现自动化，并且这也是它们被广泛用来清理凝析液的主要原因。在许多集气管道，例如，天然气中的液体在压力或者温度变化的时候会在管道中凝结，大量的液体凝析出来会需要定期发送清管器将凝析液控制在一定的水平，这种情况下清管球特别适用。

当在集气管道系统中管径逐渐增大的情况下，使用清管球也是非常理想的。随着最小的清管球从小口径的管子中进入，能够激发清管器指示器，以便启动发送在较大管径中的清管球的程序。较小的清管球将滚动进入较大尺寸的管道中，较大尺寸管道中的较大清管球推动较小的清管球进入收球筒。

这种方法已经非常成熟，在接收端可以容纳一系列的清管球，通常可以包括4~5个尺寸。

清管球用大量的人造橡胶制成。一般非常通用的材料是聚亚氨酯，不过这种材料相对来说比较贵，但是比人造橡胶具有更好的耐磨性和抗剪切的性能。同时它在碳氢化合物中还具有优良抗膨胀的性能。尽管如此，它也有使用温度的限制，在热水或者潮湿的环境下使用会使其性能快速下降。

清管器还可以使用其他一些材料制成，包括氯丁橡胶、丁腈橡胶，这些材料的耐磨性和抗膨胀的性能差一点，但是可以在较高的温度下使用。Maloney Technical Products公司制造的一种清管球（图3-19），参数如下：聚亚氨酯，-32~76℃；氯丁橡胶，-17~138℃；丁腈橡胶，-1~149℃。

清管球外径的膨胀量一般不超过管道内径的1%。增大的膨胀可以尽可能提高其密封性，同时也增加了摩擦，有可能导致清管球摩擦成平板的模样。这将阻止它的旋转，并且阻止其均匀摩擦。不均匀的摩擦将导致清管球壁出现非常薄的地方，从而导致这些位置比较薄弱，加速摩擦。

(a) 清管球充气操作

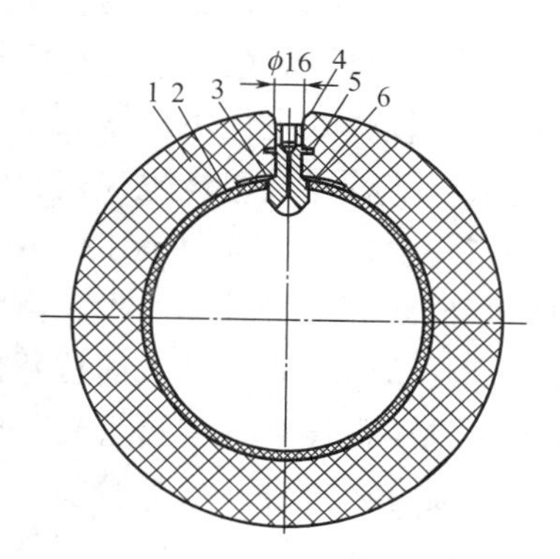

(b) 清管球结构

1—球体；2—球胆；3—嘴头；
4—嘴芯塞；5—嘴芯；6—胶芯

图 3-19　清管球充气操作及其结构示意图

在全球范围内，至少有两家公司能提供清洁管道的清管球。其中一家就是 Knapp Polly 清管器制造公司，用细钢丝粘贴在清管球的外表面（图 3-20）。另一家就是 Decoking Descaling 技术公司，在清管球表面镶入坚硬的钢钉。

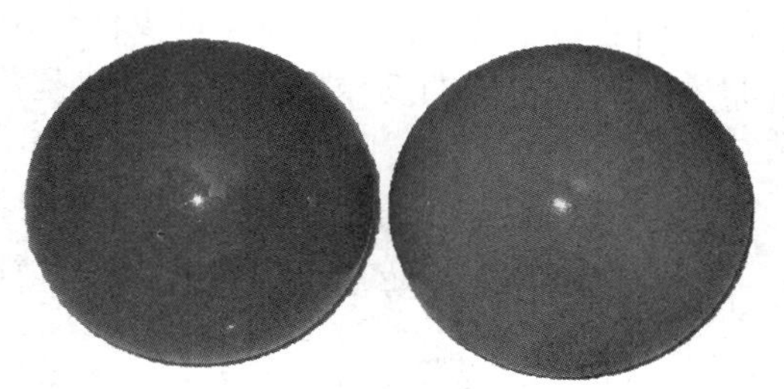

图 3-20　典型的清管球

其他两家公司（TD Williamson 公司和 GD 工程公司）具有清洁清管球的专利。其原理都是基于多面体、有毛刷适合伸缩。但是两者的产品都没有市场化。

另外还有一点需要注意的是，清管球不能携带发射机，也不能作为它们的牵引工具，这也意味着清管球不能在地面实时跟踪。但是最新的一些方法，如通过光纤振动、压力波等技术可以对清管球进行跟踪。

第二节　清管器的设计与选用

工业应用的管道清管器的基本设计非常简单。但是，它必须能够在恶劣的环境下运行上百公里。从历史的经验来说，工具的结构越复杂，运行失败的可能性也就越大，但是对于管道来说失败的运行是不允许的。

在清管器设计中将这些特征具体化，这些特征都是基于经验的总结，通常作用不能即时显现，需要在不同环境的使用过程中展现出来优势。

最初的时候，清管器的主体都是由管道公司提供的，这也是就地取材。当然，这也意味着许多清管器的主体来自管道，法兰的制造来自厚重的钢板。很明显，这种钢板的重量加剧了密封和清洁部件的摩擦，没有任何服务作用的目的。现在很多的清管器主体设计选材尽量的轻，但是仍然需要保持足够的强度。

有些清管器的主体是空腔的，因此在管道中差不多可以飘起来，效果上表现出没有重量，这种优势就在于较轻的主体不会增加成本。

在一定程度上，清管器的重量也代表着它最终的性能。有一点非常重要的是清管器主体的中心轴线要与管道的中心轴线保持一致。但是在实际运行中，由于清管器自身的重量，往往导致清管器底部承受较大的力，清管器前端的鼻子有往前下倾的趋势，这也是为什么运行后往往都是清管器6点钟方向位置前端密封磨损严重的原因。

关于重量的问题，在设计任何清管器的时候，还有一些其他因素也是必须要考虑的。但是骨架清管器的设计要遵守相应的分析，它们有很多的部件，包括了很多方面，这些都需要系统考虑。同时，清管器设计的时候还需要考虑特定的使用环境。

一、清管器主体

清管器的主体必须有足够的强度能够承受来自外界的荷载。这些荷载主要包括来自管壁对清管器上装配的弹簧刷子的反向作用力，通过弯头的时候弯头挤压的作用力，高速通过弯头时候重力的反作用力，还有就是清管器可能推送很大量的杂质和污物所带来的阻力等。

在字典里定义的“骨架”是：轴或主轴插入到工件的孔中，以支撑整个工件成为一个整体。根据这个定义也很容易明白“骨架清管器”的起源。

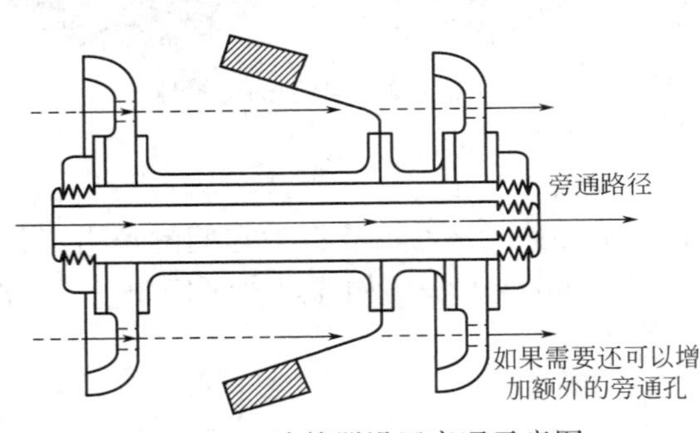

图3-21　清管器设置旁通示意图

对于管径超过273mm的骨架清管器的主体通常都是用钢管制作的。管道通常提供一个简单的旁通，允许管道内的介质通过（图3-21）。关于旁通，对于清管来说也有非常重要的作用。

这个作为主体的管道就像一根线一样，将清管器的其他部件穿在一起，形成一个整体。这根管子通常贯穿整个清管器，这样的话，当不需要旁通，可以将管道一头的口直接堵上。

对于管径为406mm或者更大管径的骨架类型清管器的主体通常采用圆柱形钢的形式，装配的法兰用来绑定密封皮碗。清管部件和弹簧通常直接安装在圆柱形主体上。

旁通的部件可以安装在圆柱形主体的前端，或者它们可以环绕在它的周向上。旁通部件的截面积通常为管道截面积的5%左右。每一个部件都可以通过插销来控制开关。旁通对于清管器的设计来说也是非常重要的。

在清管器的前端有一个“鼻子”是非常重要的。清管器设计者必须考虑清管器有可能在管道中遭遇障碍物的可能。清管器鼻子的形状和材料选用不仅仅考虑避免撞坏清管器，更重要的是考虑避免对管道造成损伤。事实上，整个清管器的设计需要尽可能避免与管道内表面及其金属部件的碰撞。

主体还必须配备强有力的起吊配件。这是必须要具备的，但是通常这些特征被设计者忽略。这个起吊配件在清管器的鼻子中非常重要，能够帮助在清管器运行完后轻松从收球筒中收出清管器。这里需要考虑在收球筒内的杂质和污物的影响，清管器在拉出的时候需要有足够的拉力，既要预防损坏清管器，又要克服所有的阻力。

骨架清管器分为普通型和智能型。它们在皮碗直径和长度方面的设计是相同的。皮碗通常选用耐磨的材料，如氯丁橡胶、聚氨酯等，过盈量通常为2%~5%。长度方面，则根据所清洗的管道最小曲率半径和管道内径来确定。其中，在很多的文献资料中都提到根据管道的内径和曲率半径对皮碗型清管器的长度进行如下计算。

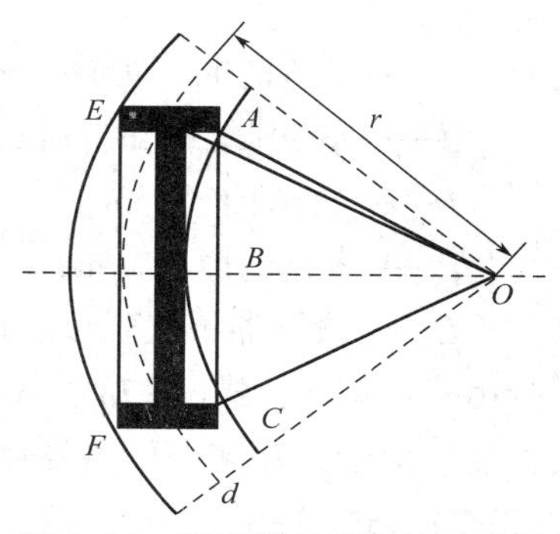

图 3-22　清管器长度设计示意图

如图 3-22 所示，假设管道内径为 D，清管器长度为 L，则：

$$L=EF=AC+2t \tag{3-1}$$

$$AB^2=OA^2-OB^2 \tag{3-2}$$

$$OA=r-D/2 \tag{3-3}$$

$$OB=OA-D/2 \tag{3-4}$$

$$t=(EF-AC)/2 \tag{3-5}$$

式中　D——管道内径，m；

L——清管器长度，m；

r——管道的曲率半径，m；

t——皮碗的厚度，m。

在不计清管器轴杆直径和端部皮碗厚度影响的情况下，则 $AC=EF$。将式(3-2)、式(3-3)和式(3-4) 代入式(3-1) 可以得到清管器长度应为：

$$L=(4rD-3D^2)^{1/2} \tag{3-6}$$

这种设计理论忽略了皮碗的厚度和清管器轴杆的直径，对简化清管器的设计具有较好的参考意义。但是，涉及具体的应用，精度方面很难达到要求。

通常情况下，由于清管器皮碗部分强度要求较高，并且各种清管器的功能不一样，在皮碗部分的厚度不能忽略不计。如果其厚度占去清管器的总长度比例较大，将直接影响到清管器的设计。另外，清管器轴杆的直径对清管器的设计也会产生较大影响，尤其是在管道拐弯处的影响更大。因此，上述设计与计算方法不能满足精度要求。以下分别针对清管器轴杆和皮碗对清管器的设计和计算的影响进行探讨。

当清洗管道的内径较大，清管器长度较短时，清管器轴杆的直径可以不计，端部皮碗的厚度影响较大，则可以得到清管器的最大长度应为：

$$L=(4rD-3D^2)^{1/2}+2t \tag{3-7}$$

当清洗管道的内径较小且皮碗的厚度较小时，端部皮碗的厚度可以不计，清管器轴杆的直径影响较大，则可以得到清管器的最大长度应为：

$$L=[4r(D-d)-(D-d)^2]^{1/2} \tag{3-8}$$

如果计算清管器轴杆的直径和端部皮碗的厚度，则可以得到清管器的最大长度应为：

$$L=(4rD-3D^2)^{1/2}+2t \tag{3-9}$$

式中 r——管道的曲率半径，m；

d——清管器轴杆的直径，m；

D——管道内径，m；

t——皮碗的厚度，m；

L——清管器最大长度，m。

由式(3-6)、式(3-7)、式(3-8)、式(3-9) 可以分别计算出不同情况下清管器的最大长度。对于采用多节清管器组成的万向节清管器，其每段的长度也可以参考式(3-6)、式(3-7)、式(3-8)、式(3-9) 进行计算。

以上设计方法分别考虑了清管器皮碗厚度和轴杆在不同的工作条件下对清管器设计的影响。在设计皮碗清管器的时候，可以根据具体情况，按照上述计算公式进行设计。

二、碟形皮碗和密封

1. 材料

碟形皮碗和密封的材料现在基本都是采用聚氨酯，但是需要注意使用正确的材料等级。不管什么等级的材料，制造的各个阶段都要做好质量控制，这是关键的因素。

聚亚氨酯由聚乙烯和异氰酸酯组成，可以获得多种硬度和属性的这种材料。大量密封清管器采用的聚亚氨酯材料的硬度在60~85Shore A（一般硬度在95Shore A以上的TPE材料，硬度不再以Shore A表示，因为越接近硬度计可测的硬度值极限，所测的值误差越大，这也是Shore硬度分为A和D两个等级的原因）。

在密封清管器上使用的两种聚乙烯分别是聚醚和聚酯。聚醚具有良好的防水性（在升高的温度中将破坏聚亚氨酯材料），聚酯具有良好的耐油性和较高的物理属性。

这有两种异氰酸酯分别是：二苯基甲烷二异氰酸酯（MDI）和甲苯二异氰酸酯（TDI）。

通常在碟形皮碗和密封清管器上采用的材料组合为聚醚和MDI。通过仔细的工艺处理和制造，将获得在大多数环境下性能优异的清管器部件，且成本适度。

尽管如此，现在的材料性能还需要不断改进，还有很多特殊的环境需要特殊的性能才能满足需求。如在海洋环境中，对于清管的成功率要求非常高，绝对不允许失败。在同样的环境还存在多种管径，液体温度很高的情况。800km甚至更长的管道需要单次清管通过。在不同的压力环境中，清管器的生产和维护都需要做出相对应的改进。所有这些环境都需要具备“较高性能的聚氨酯”。这种特殊的高性能需要聚酯和TDI的组合。这种材料加工起来比较困难，需要特殊的工艺操作。这种材料也需要有几天的固化周期，因此也比较贵，但是性能会比较好。

很多声誉好的聚亚氨酯皮碗和密封清管器生产制造商发布了详细的材料性能规格和对购买者使用的建议。对于特殊环境使用的，每一批次的产品都需要经过测试。Pipeline

Engineering 公司现在生产的“Omnithane”材料分成了三个等级，满足了大多数的需求。尽管如此，其他特殊的产品还是有市场需求的。

2. 设计

早期的经验表明，推进球筒比较困难的，与管壁摩擦大的形状的设计，通常磨损也是最快的。在早期的清管器上使用的直板都比较厚，柔韧性不好，相比韧性好的密封皮碗磨损得更快。

一些实验研究表明，密封皮碗设计的形状与磨损的快慢存在一定的关系。与管壁接触面积越大，接触越紧密，则磨损量越大，但是如果接触的不牢固也有可能导致泄流，从而发生清管器运行停滞的事件。这是需要在设计中考虑的两个方面。所以这里需要平衡密封的硬度和它的柔韧性，圆锥形的皮碗就是个非常好的实例（图 3-23）。

使用最广泛的形状，目前应该也还是广泛使用，像一个杯子，因为这个原因也被称为“碟形清管器”（图 3-24），基本由一个直板和在直板的边缘有一个突起组成，类似液压活塞密封圈。直到最近，这种形状几乎在所有的清管器上都得到了使用。

图 3-23 典型的圆锥形皮碗

图 3-24 典型的碟形皮碗

“双向”清管器克服了圆锥形和碟形皮碗不能双向运行的问题。它使用两种不同类型的直板。一种类型是用来密封的，比较薄和软，并且过盈量在 5%~10% 的管道公称内径；另一种类型是导向盘，比较厚和硬，并且与管道公称内径一样的尺寸。清管器导向盘的重量为清管器的运行提供了平稳的方向和支撑。这种类型的清管器既可以用来作为清洁清管器，也可以用来作为密封清管器（图 3-25）。

就如前所述，密封也可以通过不同的形状来满足具体的目的，而不只是碟形或者直板。清管器在双管径或者多管径的管道中需要密封时，需要在两者都有效工作。这种通常就比较复杂一点，需要一个导向的直板与较小的管径一致，同时重叠一个较大的直板满足大管径中的密封（图 3-26）。

图 3-25 典型的清管器导向盘

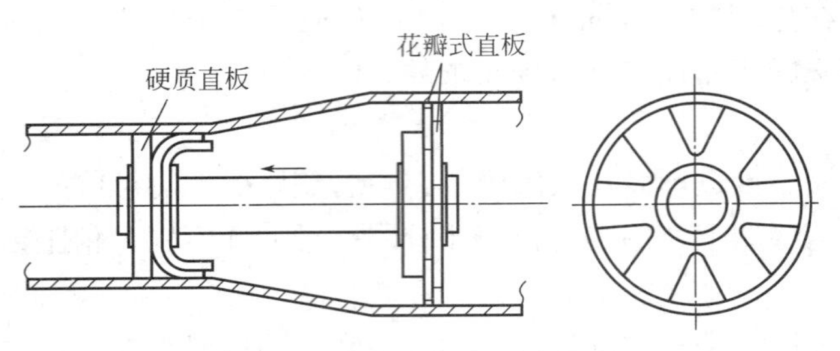

图 3-26　典型变径清管器示意图

对于双管径或者多管径这种类型的管段，清管器结构设计中不推荐使用密封类型的清管器。维持良好的密封是非常重要的，通常管道系统中在不同管径之间安装球筒，将不同的管径段的管道分开。尽管如此，仍然存在一些在收发球筒之间的管段内存在变径的情况，这就需要清管器设计者考虑变径的因素，设计合适的密封部件。

三、旁通

旁通对于清管器的设计来说也是非常必要的，不同的管道环境需要设置不同的旁通。旁通的作用有多个方面，一是可以有效降低清管器运行的速度，另一个方面也可以通过设置旁通来冲刷刮刀，还有一个方面就是通过旁通流体的流动使得清管器均匀旋转起来避免偏磨现象的发生。但是，旁通也不能开设太多，开设太多了极有可能导致清管器失去足够的动力，从而导致清管器停滞。现在常规的清管器如果在皮碗上开设旁通，则开设的孔径一般为 $\phi10$ 或者 $\phi20$。大多数清管器直接利用主体的空腔作为旁通孔。

一般来说在密封清管器上不设置旁通。因为密封清管器其目的就是为了密封，因此没有设置旁通的必要。但是有些运营商为了控制清管器运行速度和避免清管器推送的杂质太多，会适当考虑开设一定的旁通。

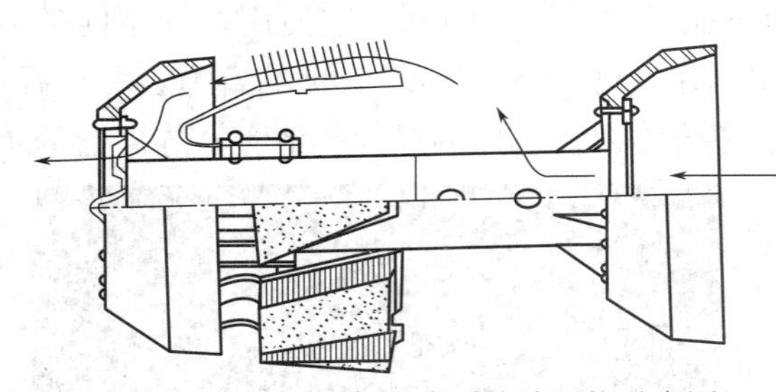

图 3-27　典型的旁通冲刷前端污物示意图

对于清洁清管器来说，一般都会开设旁通孔，一方面是为了防止清管器前端堆积的杂质和污物太多，将过量的杂质和污物泄漏到清管器后面去，保障清管器始终具有足够运行的动力（图 3-27）。

旁通设置的位置可以在主体上，也可以直接开设在皮碗上。如果在主体上，那么就需要在制造的时候考虑这个因素，即现场一般很难再在主体上开设旁通。在皮碗上开设旁通相对来说比较容易，在现场就可以实施，但是有一点需要注意的是，开设的旁通必须要能保障清管器均匀地旋转或者说平稳地运行。

现在对于设置旁通也有了最新的定义，有些制造商通过在设置的旁通中安装导流管，利用流体力学射流的作用改装成射流孔，提高清洗管壁的效果。

四、过盈量

过盈量设计是清管器适应不同的环境和介质的关键。一般来说，过盈量选取的关键在于管壁对清管器摩擦阻力，综合衡量密封性能和所能获得的推力。下面主要来分析一下皮碗与管道过盈配合的挤压力，在不受力的自由状态下，两者的尺寸关系如图 3-28(a) 所示，等效图如图 3-28(b) 所示。皮碗装入管内后，皮碗和管道之间产生挤压力 P_i 如图 3-28(c) 所示。挤压力使二者变形；但是由于管道的强度远远高于皮碗，可以认为它是绝对刚性的，于是只有皮碗产生变形即皮碗向中心轴线移动，其径向位移量应为：

$$\delta=\frac{D-d}{2} \tag{3-10}$$

式中　D——皮碗外径，m；

　　　d——管道内径，m。

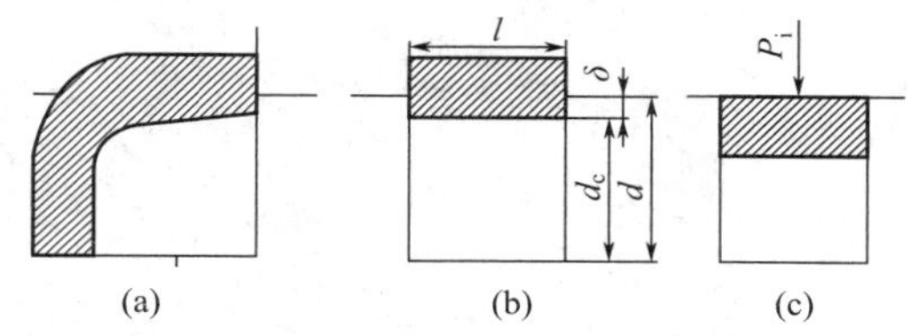

图 3-28　皮碗过盈配合挤压力分析

根据摩擦力计算公式，可以推导出挤压力为：

$$P_i=\frac{D-d}{2\frac{d}{E}\left(\frac{d^2+d_c^2}{d^2-d_c^2}-v\right)} \tag{3-11}$$

式中　P_i——皮碗过盈配合挤压力，N；

　　　D——皮碗外径，m；

　　　d——管道内径，m；

　　　E——皮碗材料的弹性模量，Pa；

　　　d_c——皮碗等效内径，m；

　　　v——皮碗材料的泊松因数。

皮碗对管壁的总压力近似按下面的公式计算：

$$F=\pi l\ (dP_i+d_cP_d) \tag{3-12}$$

式中　F——皮碗对管壁的总压力，N；

　　　l——皮碗与管壁的接触宽度，m；

　　　P_d——推送介质对皮碗的等效径向压力，N。

粗略分析时，可以认为 P_d 等于推送介质压力：

$$P_d=\Delta p_r A_1 \tag{3-13}$$

令：

$$k_1=\frac{D}{d};\ k_2=\frac{d_c}{d} \tag{3-14}$$

所以管壁对清管器摩擦阻力为：

$$F_w=\frac{nf\pi ldE}{2}\left[(k_1-1)\div\left(\frac{1+k_2^2}{1-k_2^2}-v\right)\right]+nf\pi dlk_2\Delta p_r A_1 \tag{3-15}$$

式中　f——清管器与管道内壁的滑动摩擦系数；

　　n——清管器上安装皮碗个数。

不论是液体介质，还是气体介质，只要清管器前后的压力差超过了管壁对清管器的摩擦力，清管器就能顺利地运行。当然，在实际的运行中会更加复杂，包括设置泄流孔，考虑材料耐磨等因素都会影响过盈量的选取。

第四章　清管准备工作要点

第一节　资料的收集与整理

在实施清管作业前，应该提前收集整理清管相应的标准规范，梳理最新标准规范的要求，了解其中需要注意的事项等。这一点对于后续编写清管技术方案、清管器选型等方面都非常关键。另外，对于一些特殊的管道，如果有针对这条管道清管的企业标准，那么针对这个标准的分析也是尤为重要的。

除了标准规范的收集、整理与分析外，还需要收集的管道信息资料包括但不限于：

（1）管道概况介绍（包括管道建设施工、投产时间，管径、壁厚、设计输量和压力，站场、阀室情况，管道途径区域等）；

（2）管道走向示意图，了解管道都穿越了什么地方，哪些行政区域等信息；

（3）管道高程示意图，通过这个信息，了解落差，分析那些落差较大的区域应作为重点关注的位置；

（4）站场、阀室信息统计［包括名称、绝对里程（距首站的距离）、高程、位置描述、阀室类型等］；

（5）穿跨越统计［包括穿跨越名称、穿跨越方式、起始里程（桩号+距离）、穿跨越长度、壁厚、位置信息等］；

（6）里程桩（测试桩）［包括桩号名称、绝对里程（距首站的距离）、管道埋深（m）、位置信息描述等］；

（7）历次清管报告（包括清管日期，清管器类型，推出的杂质情况，运行的时间，皮碗或直板或者测径板变形、磨损情况，收出的清管器照片等）；

（8）输送介质参数（包括输送油品名称，正常情况下的输送压力、输量、温度等）；

（9）各站的收、发球筒图纸；

（10）管道初步设计文件；

（11）管道风险评价报告，高后果区统计信息，管道外检测报告等。

第二节　收发装置

要对管道实施清管作业，首先应确认清管管道是否有收发球筒，这是实施清管所要具备的首要条件。若没有收发球筒，则首先需要进行改造，加装收发球筒设施。

一、发球装置

清管器发球装置经过发球口与管线球阀相连接，装置筒体结尾设有快开盲板装置，用于清管器的发送，具有开关简略敏捷、密封安全可靠的特点。发球筒上装有安全联锁装置，它可以确保装置在带压的情况下无法翻开快开盲板，确保装置和人员的安全。放空球阀的效果是用于管线运行前管道的吹扫和气体的置换，当清管完毕后，管线球阀封闭，放空球阀打开，发球筒内剩余的气体被排到大气，压力下降，然后解除安全联锁装置锁定的状态。排污球阀用于排出污物，当管线内污物太多致使球阀发生阻塞时，可打开排污球阀，确保顺畅扫除污物。压力表用来显示发球筒内气体的压力，它经过一个针阀来操控，确保运行的安全。过球指示仪安装在发球侧的管线上，当清管器经过时，过球指示仪指示清管器通过。旁通球阀用于清管前发球筒内的升压。

这里需要注意的是在打开快开盲板前，应检查确认发球筒压力为零。

二、收球装置

收球装置经过进球口与管线球阀相连接。装置筒体结尾有快开盲板装置，用于清管器的取出，具有开关简略敏捷、密封安全可靠的特点。收球筒上装有安全联锁装置，它可以使装置在带压的情况下快开盲板无法被翻开，确保装置和人员的安全。放空球阀的效果是用于管线运行前管道的吹扫和气体的置换，当清管完毕后，管线球阀封闭，放空球阀打开，收球筒内剩余的气体被排到大气，压力下降，然后解除安全联锁装置锁定的状态。排污球阀用于排出污物，当管线内污物太多致使球阀发生阻塞时，可打开排污球阀，确保顺畅扫除污物。压力表用来显示收球筒内气体的压力，它经过一个针阀来操控，确保运行的安全。过球指示仪安装在收球筒的入口处，当清管器经过时，过球指示仪指示清管器通过。旁通球阀用于清管前收球筒内的升压。

这里需要注意，对于天然气管道来说，打开放空阀排气时要关注球筒内声音和排气口，筒体充满油品后立即关闭排气阀。同时清理收球筒内杂质和污物时应采用防爆工具，清出物应集中处置，必要时留样化验分析。同样，盲板打开时，应检查确认收球筒内压力为零，操作快开盲板时，应站在盲板开口侧进行操作，盲板正面和内侧面禁止站人。

就清管和内检测而言，在实施作业前需要收集的收发球筒各部件的尺寸如图 4-1 所示，见表 4-1。

表 4-1　收发球筒各个部件尺寸记录表　　　单位：mm

尺寸名称	代码	发球装置	收球装置
大筒外径	D		
大筒壁厚	T		
大筒长度（盲板–大小头）	A		
* 盲板到收发球管中心线	C		

续表

尺寸名称	代码	发球装置	收球装置
收发球管直径	*H*		
*变径段（大小头）长度	*F*		
*标称直径段外径	ϕd		
*标称直径段壁厚	*S*		
*大小头到阀门长度	*G*		
*平衡管	*J*		
*收发架至盲板中心点的高度	*L*		
*入口长度	*E*		
*入口宽度	*W*		
固定式或可拆卸式			
闸阀/球阀/截断阀			
发球/收球指示器			
装入/取出检测器时操作空间内是否可以使用吊车			

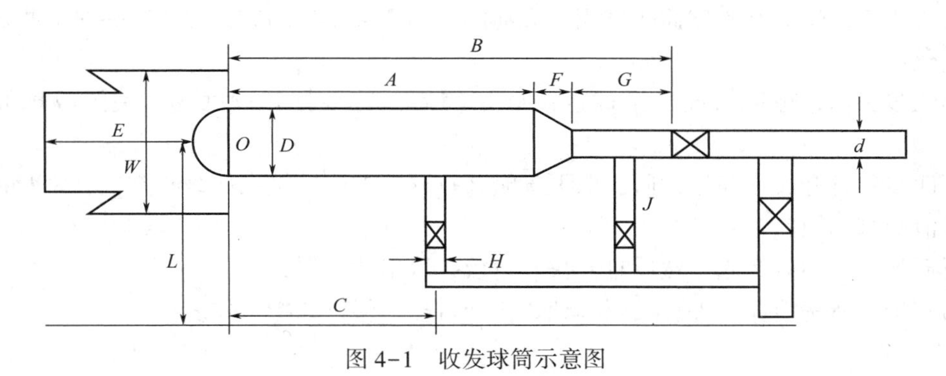

图 4-1　收发球筒示意图

第三节　工艺流程

输油气管道收发清管器用的装置是由发球筒、收球筒、快开盲板和阀门等组成。接收筒和发送筒的内径均大于清管器直径，便于清管器进入筒内。清管器发球筒和收球筒还有一定斜度，可以利用球的滚动进行收发作业。清管器清扫出的污垢从收球筒的放空阀排入地下排污罐。清管器收发装置可间隔 2~3 个站设置一套，但距离不应超过 200km。在没有收发装置的站内，可以在不停泵的条件下采用越站流程，使清管器通过。

清管工艺流程主要包括收发球相关的工艺操作。

一、发球

第一步：发球前确定球筒内压力为零，然后打开快开盲板，将清管器放入发球筒，关好快开盲板；

第二步：打开发球筒前发球阀、旁通阀，缓慢打开发球装置平衡阀，注意观察过球指示仪以及压力变化；

第三步：当过球指示仪显示球已出发球筒后，打开出站阀门；

第四步：记录过球时间、压力，通知收球方做好收球准备；

第五步：关闭发球筒发球阀后，打开发球筒排污阀，取下管帽并打开清扫阀，接入压缩机空气，将筒中残液排出，并清扫发球筒；

第六步：关闭排污阀，打开快开盲板，清洗筒体内外，关闭和锁紧快开盲板，将过球指示仪复位。

二、收球

第一步：根据清管球的运行情况，准备收球；

第二步：缓慢打开收球筒收球阀、旁通阀，稍微关小进站阀，注意观察过球指示仪及压力变化；

第三步：当过球指示仪显示球进入收球筒后，完全打开进站阀，关闭收球筒前收球阀；

第四步：打开收球筒排污阀，取下管帽并打开清扫阀，接入压缩机空气，将管中残液排出并清扫收球筒；

第五步：关闭排污阀，然后打开快开盲板，取出清管器；

第六步：清洗筒体内外，关闭和锁紧快开盲板，将过球指示仪复位。

第四节　现场评估

清管作业存在风险，一旦处理不当，极易造成清管器的卡堵或者其他影响清管作业人员安全的事件发生。因此，为了保障清管工作的顺利进行，需要针对清管作业的各种风险进行对策研究，降低清管的风险性，保证清管工作的顺利进行。针对清管工作存在的风险，主要需要开展的工作包括以下四点。

一、管道基础资料分析

在进行清管作业以前，必须对清管的管线进行基础资料收集，清楚地了解管线的走向、输送油品特性、管道沿线设备设施、弯头三通等情况，并进行分析，评估该管线是否可进行清管作业，对影响清管作业的管段进行改造。

通过对基础资料的分析，初步确定需要跟踪的重点位置，识别发生卡堵可能性较高的因素和位置，并开展作业安全条件分析，制定预防事故事件发生的应对措施。同时，在基础资料分析的基础上，还需要确定清管器的选型和尺寸，过盈量也应从小逐步增大，清管器类型从通过能力由强到弱，并在清管器上设置泄漏孔，防止依靠清管器推送污物，而是依靠射流将污物向前推，消除发生蜡堵的可能性，见表 4-2。

表 4-2　典型的清管器选型和尺寸

序号	类型	射流孔	过盈量,%
1	两刮板、四碟型皮碗清管器	4 个 $\phi20$	1
2	两刮板、四碟型皮碗测径清管器	4 个 $\phi20$	1
3	两支撑、四密封测径清管器	4 个 $\phi20$	2
4	两支撑、四密封清管器	4 个 $\phi20$	2
5	两支撑、六密封清管器	4 个 $\phi20$	3
6	两支撑、四密封钢丝刷清管器	4 个 $\phi20$	3
7	两支撑、四密封钢丝刷清管器	无	3
8	磁性清管器	4 个 $\phi20$	3
9	磁性清管器	无	3

如果前期的资料收集不全，清管器发送的顺序安排不当，不仅可能造成卡堵等风险情况的出现，同时极有可能造成清管不干净，检测器吸附如图 4-2 所示的铁磁性杂质，导致检测失败。

图 4-2　漏磁检测器被铁磁性物质覆盖

二、原油特性分析

埋地原油热输管道的温度一般都低于原油的析蜡点，管道内壁因此会发生结蜡，导致摩阻增加，管道输送能力下降，严重时在结蜡高峰区还会造成管道局部堵塞而发生凝管事故。为此，原油管输过程中必须采取定期热洗或者清管措施，以保证管道通畅。

通常对于原油管道的结蜡厚度可采用以下公式进行估算：

$$\delta(x)=\frac{\delta}{2}[1+\text{th}(\alpha x-\theta)] \tag{4-1}$$

$$\alpha=\frac{4.6}{x_2-x_1}$$

$$\theta=2.3\frac{x_2+x_1}{x_2-x_1}$$

式中　δ——结蜡厚度，m；

x_1——析蜡起始点，km；

x_2——析蜡高峰点，km。

采用上式进行初次热力计算，确定结蜡段长度、析蜡点和析蜡高峰点的位置。清管前对管道结蜡厚度的预判，只是为了预估管道的通过能力，因此采用上式估算，基本能满足清管的要求。另外，还可以采用类比的方法进行处理，选择具有类似特性的、已经完成清管作业的原油管道进行分析，主要从输送原油的物性、管线沿线的地温、析蜡点、基础资料和历史信息等方面来分析。

三、管道系统与清管系统相关设施排查

在清管作业前，为了避免管道系统故障带来的风险，应提前对相关设施进行排查和测试，主要包括：

一是检查、确认各清管站收发球所用的各个主要阀门完好，与清管器收、发球筒相连的放空阀、排污阀、针形阀、温度计套管、清管器通过指示仪等完好。

二是清管所需的各种型号清管器、信号发生器、信号接收器、各种型号的皮碗配件准备完毕，并送到现场；确认信号发生器、接收器灵敏好用，电池电量充足。负责管线清扫、跟踪、安全保障人员已经培训，并依据清管方案的要求各负其责。所有上线车辆及人员已全部就位。

三是各种突发事故下的应急反应预案准备齐全，各维抢修队伍就位；对作业管段沿线阀室进行了逐个检查，确认阀门在全开位置；对所发清管器各部件尺寸进行测量，并对所得数据进行记录。

四是清管器装配场地具有良好照明条件；清管器清洗场地：水源，具备污水排放条件；各站将排污池（罐）清空，以确保排污顺利进行，并根据各自的排污条件制定相应的排污流程。

四、清管队伍踏勘

在首次发送清管器前，需要组织清管队伍对沿线进行踏勘，具体实施的工作包括：

（1）编制具体跟踪设标实施计划，准备好有关记录表，设标密度为5～8km/点；跟踪人员沿线仔细勘察，记录到达每个设标点的道路。

（2）在每个设标点利用探管仪测量并记录管道埋深，记录设标点相对里程桩前后、左右的距离，对每一个设标点统一编号，使用GPS全球定位系统测量每点具体坐标，仔

细做好记录。

（3）特殊地段必须设跟踪点，如阀门、阀室、穿跨越、人口稠密区、已知变形点等两端均须设点，并做好跟踪。

（4）选点要满足埋深较浅（不超过3m）或裸露点等便于跟踪的地段。

第五节 踏勘结果评估及风险分析

现场踏勘结果评估及风险分析是清管实施技术方案中非常关键和重要的一部分，通过现场踏勘评估可以有效降低清管异常事件发生的可能性。

在现场踏勘过程中，清管技术人员必须记录以下信息：

（1）测量收发球筒各部件及周边场所的尺寸。

（2）绘制进场道路平面图并标注尺寸（需要考虑检测设备和收发球架的重量，测量道路距收、发球筒的距离）。

（3）勘查阀室和站场是否有相邻三通（如果存在相邻三通，则测量相邻三通的距离，并标注支管的管径）。

（4）勘察内检测设备存放场所（简单描述位置、空间、照明、吊装等基本情况，并拍摄照片）。

（5）与配合人员确认管道最小弯头曲率半径、三通是否有挡条、日常输送的流量和压力、各站的管辖长度和位置。

（6）现场查看收发球筒是否有过球指示器，收发球筒是否带压。

（7）记录存在分输的阀室（内容包括分输管道的管径、位置）与单向阀的位置信息。

（8）建立省公司、管理处和各站相关联络人员和技术人员的通讯录（内容包括姓名、单位、职务、联系电话、邮箱等）。

（9）与各站场负责人确定是否有合适的检测器清洗场地、吊车租用是否便利、跟踪方面站上是否可以提供车辆和人员。

（10）踏勘完成应进行总结，对需要进一步协调的问题和存在的困难进行说明。

现场踏勘的记录一般比较繁杂，为了更好地梳理其中的重点信息，一般整理成以下几个方面的信息。

一、踏勘结果表

踏勘结果表示例见表4-3。

表4-3 踏勘结果表示例

序号	特殊点	风险因素
1	穿越沟渠多	穿越点容易造成清管器卡阻
2	黄河穿越	穿越点容易造成清管器卡阻

二、风险分析

转弯点及特殊地段，经 XX 输油气分公司与清管承包方合作勘查，已经确定了以上几方面的特殊点位置，清管施工期间对以上各点进行重点跟踪。

管道输送原油含蜡量为 15%，部分管段蜡层厚度近 20mm，因此，为预防蜡堵现象的发生，计划采用清管器过盈量从无到有，以逐步增加过盈量的方式对管道进行清管作业。

河流护坡处在雨季易被冲毁，因此需要在河流护坡地段详细踏勘，加密跟踪。

注意以下几个方面：

（1）对于成品油管道，应通过调查上下游过滤器的清洗频率、历史清管情况等信息分析含油砂和其他杂质的情况。

（2）对于天然气管道，也应根据历史信息，如清管历史、同类型管道情况类比等分析可能存在的杂质情况。

（3）对于原油管道，应根据定期分析的原油凝点、站间运行压差、黏度等工艺参数，计算管道当量直径、结蜡厚度，确定管道清管作业启动条件。

（4）对于其他在现场勘察过程中可预见的风险分析，如对进场道路、跟球高风险段等进行风险分析。

另外，在清管技术方案中还有一个非常重要的部分、就是对管道历史运营情况的分析，主要包括清理过滤器的频率、含油砂或者其他杂质的情况，投产至今有无清管历史（如有，则分析清管结果），上下游用户情况等。

第六节　清管技术方案编制

在实施管道内检测清管前，需要编制管道内检测清管技术方案，明确清管和检测的流程（图 4-3）。清管技术方案至少需要明确以下事项：

（1）清管的目的和清管作业方案编制依据；

（2）清管对象的概况介绍，包括管道概况、现场踏勘结果、历史运行情况和其他风险分析等；

（3）明确需要发送什么类型的清管器，预计多少轮次等；

（4）明确实施清管的组织结构、各方职责；

（5）清管污物处置、HSE 相关要求；

（6）相关的表格等。

清管和内检测作业要实施过程控制，包括前期的现场踏勘、方案编制、现场实施等工作都需要充分识别风险。对于可预知的风险做好预控措施，对于不可预控的风险做好应急抢险的保障。

除了设备卡堵、蜡堵等风险外，还需要考虑现场作业人员可能存在的风险，如收发球吊装作业、跟球车辆长距离行驶、低温和雨雪等天气、建设期遗留与土地所有者等的争议以及其他外部环境都可能给清管和内检测作业人员带来不同程度的风险，这些都需要制定相应的风险控制措施，以保障作业的安全。

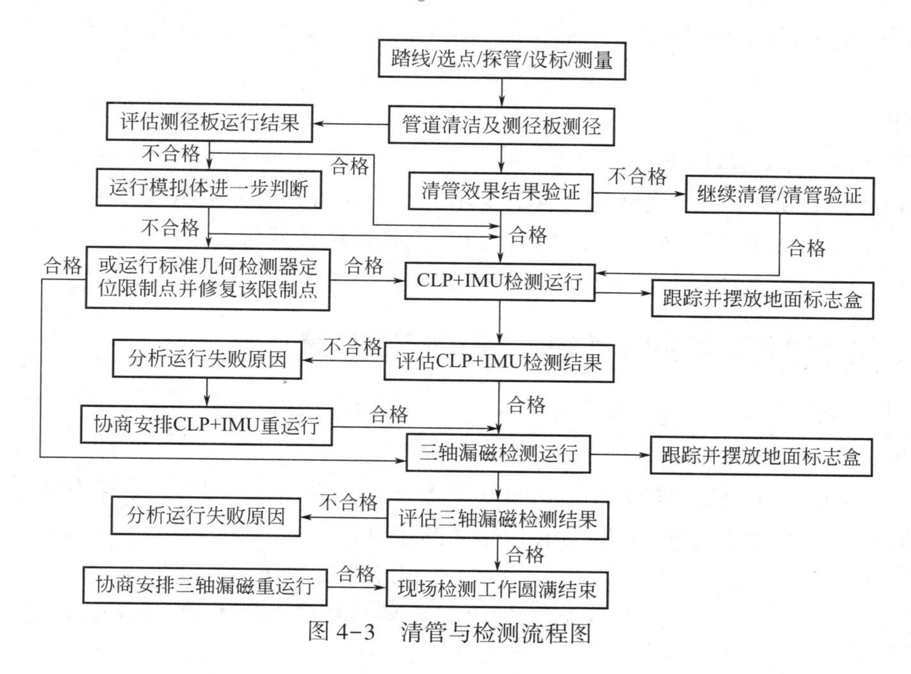

图 4-3　清管与检测流程图

第七节　内检测前清管的风险分析

清管作业要认真按清管操作规程执行，各项工作严格按照清管作业方案进行，任何人不得擅自变更。跟踪人员要严格按规定操作，遇异常情况随时向调度报告，并按以下方案处理。

一、清管器未能发出球筒

原因：清管器推送不到位；发球筒出口截断阀开度不够；清管器前后压差不足。

处理：

（1）清管器推送不到位的处理方法：按照正常操作程序，关闭发球阀，用正常程序排干发球筒，打开盲板，将清管器前端密封板推送至发球筒大小头处，使其与管道内壁完全接触。

（2）发球筒出口截断阀开度不够的处理方法：将发球筒出口截断阀全开，保证清管器能够顺利通过。

（3）清管器前后压差不足的处理方法：减小清管器发球筒旁通过油量，使清管器前后压差增大，将清管器推出发球筒。

注：认真进行各项检查，做好可燃气体现场监控，再次进行发送，直到发出为止。

二、清管作业过程中管道发生穿孔泄漏、爆管

原因：由于打孔盗油等管道外部原因，清管器在管道中发生卡堵，造成穿孔漏油、爆管事故。

处理：

（1）跟踪人员及时向站控室调度汇报情况。

（2）跟踪人员需在2h内确定清管器卡堵的准确位置，并向清管项目领导小组汇报。

（3）由项目领导小组向站控室调度及时汇报确切堵球位置。

（4）分公司启动应急预案，负责抢修作业。

三、清管过程中发生管道憋压，但仍有管输量

原因：清管器损坏、清管器密封不好、清管器前方杂质过多。

处理：

（1）在输油生产允许提压情况下的处理方法：以清管器最后通过点为0号跟踪点，在预计到达1号跟踪点时间1h后仍未到达（图4-4）。

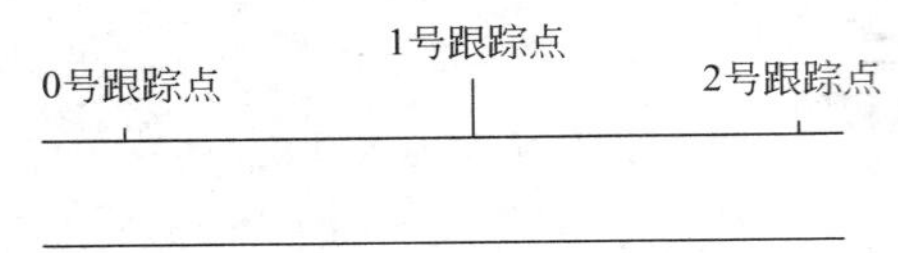

图4-4　跟踪点设置示意图

① 跟踪人员立即向调度汇报。

② 1号跟踪点人员不动，2号跟踪点人员返回0号跟踪点。

③ 调度人员严密监视全线压力变化。

④ 在压力范围内提高压力，尝试通过卡堵点。

⑤ 若清管器仍不能通过卡堵点，首先要确定卡堵位置。然后再发送一个清管器，跟踪人员从0号跟踪点开始以300m为一间隔进行跟踪，待清管器通过1号跟踪点后，恢复正常跟踪。

⑥ 若再发送的清管器仍然停在0号跟踪点与1号跟踪点之间，则在1号跟踪点留一名人员等待，其余人员确定卡堵位置，向生产调度汇报。

⑦ 封堵保驾人员及设备（包括开挖人员及设备）立即赶到现场，并准备随时开孔封堵，断管取球。

⑧ 由于地形复杂，在封堵设备不易到达的地方，可在清管器前或后，采用开孔泄压或下游泄压的方式，增大清管器前后压差，将清管器引导到可封堵位置，然后实施断管取球。

（2）在输油生产无法提压情况下的处理方法：1号跟踪点人员不动，其余人员迅速确定清管器停止的准确位置，向生产调度汇报。

① 在清管器前或后，采用工艺流程泄压或开孔泄压的方式，增大清管器前后压差，将清管器引导通过卡阻点。

② 若依然无法通过卡阻点，及时向生产调度汇报，准备开孔封堵，断管取球，并作好回收清管器前大量杂质的准备工作。

③ 封堵保驾人员及设备（包括开挖人员及设备）立即赶到现场，并准备管道开孔作业。

四、清管器不能顺利进入收球筒

原因：清管器运行速度计算错误；收球筒阀门开度不够；清管器密封损坏，致使清管器停留在收球筒前端弯头处；清管器前端清出杂质过多。

处理：

（1）清管器运行速度计算错误的处理方法：联系跟踪组确定通过前一跟踪点时间，重新计算清管器运行速度以确定新的收球时间，等待清管器进入收球筒后取球。

（2）收球筒阀门开度不够的处理方法：将收球筒入口截断阀门全开后，导收球流程，待清管器进入收球筒后取球。

（3）清管器密封损坏的处理方法：再发一个清管器，使其推动前一清管器进入收球筒取球，若仍然不能使清管器进入收球筒，则采取断管取球。

（4）清管器前端清出杂质过多的处理方法：先关闭收球筒前阀门，清理收球筒内铁屑杂质；清理干净后再重新导为收球流程，等待清管器进入收球筒。

注：以上步骤可反复进行，直到清管器顺利进入收球筒。

五、收发球筒起火

原因：放空置换不彻底或阀门密封不严，收球筒内有可燃气体，致使快开盲板开启或拉球杆拉球时，造成金属碰撞火花。

处理：

（1）立即用泡沫或粉尘式灭火器进行灭火。

（2）灭火后，关闭收发球筒快开盲板，向收发球筒充入氮气，防止复燃。

六、清管器在阀门、三通卡堵

原因：阀门开度不够，阀体阻塞清管器，三通无挡条或三通有套筒而造成清管器泄流。

处理：

（1）快速确认卡堵的阀门、三通，如果阀门有旁通线，开启旁通线。

（2）检查阀门开度，如果是阀门开度不够，把阀门开至100%开度，关闭旁通线，使清管器通过。

（3）如以上措施不能解决清管器卡堵问题，则发送救援清管器。

（4）若救援清管器不能推动卡堵清管器，则启动切管取球方案。

（5）快速确认清管器卡堵位置，上报调度。

（6）在场站工艺允许的条件下，采取增加清管器上游压力，并在清管器下游放空进而推动清管器。

（7）若提高压力无法推动卡堵清管器，采取救援清管器推动，救援清管器为全皮碗清管器，皮碗上带铜钉，长度要小于卡堵清管器长度，以防止救援清管器卡堵。

（8）若救援清管器无法推动卡堵的清管器，则确定清管器卡堵精确位置，启动动火切管取球预案。

第八节 内检测的风险分析

由于管线信息提供错误，导致运行条件误判，而引起的检测设备卡堵或运行失败；由于地质变化或管线施工改造等因素，致使管道几何变形或管道内施工作业发生物（焊瘤、变形等），对检测设备通过限制，发生卡堵风险；由于输量、压力等因素不正常导致内检测作业风险（运行失败）。内检测项目实施过程中可能存在的风险还包括但不限于：

（1）内检测器在管道中解体；

（2）内检测器因磨损或在弯头处皮碗失去驱动；

（3）内检测器在管道存在大变形、支管、阀门等位置卡停；

（4）内检测过程中工艺流程切换导致内检测器运行异常；

（5）实施内检测过程中发生蜡堵；

（6）跟踪器失效；

（7）发射机失效；

（8）收发球等作业过程中误操作。

因此在运行检测设备前需先运行测径清管器对管道通过能力进行评估，并且进行严格控制。

一、不稳定运行的征兆

在检测设备在管道中运行的任何时间，如果管道的压差突然增加且介质通量减少，则表明检测设备可能停滞或被困。如果出现了这种情况，应当监视发球站的出站压力，并控制其低于预先的设定值。如果可能，维持流速稳定的时间应为“检测设备运行的最长时间+3h”，如果届时检测设备仍未进入收球筒，则应当考虑下述方案：

解决办法一：增大推球输量，以加大检测设备前后压差（不超过0.5MPa），尝试使检测设备继续前进。

解决办法二：降低检测设备前的压力，以建立一定压差（不超过0.5MPa），尝试使检测设备继续前进。

已经被困的检测设备在增大的压差推动下是否继续前进，可以通过管道发球站的压力下降和轻微的流速增加来判明。

如果过了一段时间之后，仍然没有迹象表明检测设备继续前进，则应当恢复流速至运营水平或安全水平。这种情况的出现表明检测设备已经被“机械性”地卡住：可能是与未全开的阀门碰撞，或者被障碍物挡住，或者滞留在管线厚壁部分。不论哪种情况，管道仍能保持介质输送。这种情况下，需要搜寻定位检测设备的确切位置，然后进行下一步的救援行动。

如果已经被困的检测设备在增大的压差推动下最终开始移动时，则可以通过管道发射端的压力下降和轻微的流速增加来判明。

二、检测设备回收超时

若检测设备未在运行时遇到问题，但却在回收时超过了时限，则采取如下措施：

（1）等待，直到超过“检测设备运行的最长时间+3h”。

（2）在此确认检测设备已经离开了发球筒：

检查发球筒下游的过球指示器是否触发，询问是否有声响表明检测设备已经离开，或询问没有其他确切的证据表示检测设备是否还未离开发射筒。对于漏磁检测设备，可以用指南针或磁力探测装置来证实上述怀疑；对于其他检测器，可用低频信号接收器来证实。

（3）若有明显证据证明检测设备还未离开发射筒，考虑采取如下措施：

① 检查引流阀处于正确位置，产品是否完全流经发球筒；

② 立即检查发球筒下游的所有阀门或支管来寻找检测设备；

③ 增加作用在检测设备上的压差以产生更多的推动力，此项操作应当反复尝试，如仍未成功，则检查发球筒内部。

只有在确认检测设备没有处于发球阀内时，才能打开发球筒。按照正常操作程序，关闭发球阀，用正常程序排干发球筒，打开盲板。仔细检查检测设备的位置，如果存在驱动皮碗未与管道内壁紧密结合的情况（这种情况下，检测设备可能会在发球时的压力平衡过程中在发球筒内被倒推），则将检测设备推进到所需的正确位置。如果存在其他不明因素，应尝试将检测设备从发球筒中取出，并且检查引起发球失败的原因。

（4）尽管实际上不太可能发生，但如果有证据表明检测设备停在了发球阀内，那么就要试着将检测设备移出发球阀。确认发球阀完全打开，无论如何都不能试着关闭阀门。增加作用在检测设备上的压差，监视它的移动。如果检测设备仍未移动，检查介质流量是否正常。在进行下一步的操作之前，应当采取有效方法确认检测设备的位置，例如：放射线照相。

（5）如果检测设备已经被证实离开了发球筒，但却没有抵达收球筒，运行过程中也没有问题显现，比如：没有显著的压差或流速变化，那么等待直到超过“检测设备运行的最长时间+3h”。

（6）如果这段时间已经过去，而检测设备仍未进入到接收筒内，应当考虑增加管线暂时的压差，或不断地减小收球端的压力以及提高介质速度。如果可能，在3h内保持较高的介质流量。

（7）如果检测设备仍未到达，很可能由于其驱动皮碗的损坏或破损带来时断时续的移动，而延迟抵达，则考虑采取措施打开收球筒阀门。尽管不可能，检测设备也许会停在靠近收球阀的某个地方，因此就需要在关闭收球阀前检查这些地方。如果确认检测设备没有卡在收球阀处，则可以采取措施隔离、排干收球筒，检查检测设备是否在其中。在隔离收球筒时，建议减小流量防止检测设备猛然进入收球筒。如果检测设备不在收球筒中，需要开始进行搜寻工作。

三、搜寻与救援

如果检测设备由于驱动皮碗损坏/磨损而卡在管线的某个地方，在等待确认检测设备的位置过程中，应保持介质流量的低速流动。

搜寻范围应与检测设备跟踪小组的实际跟踪情况相结合，即跟踪过程中发现检测设备已经通过第 N 号定标桩，但未通过其下游紧邻的 N+1 号定标桩，则第 N+1 号定标桩的跟踪人员保持原位继续使用定标盒监听，第 N+2 号点等待的跟踪人员返回 N+1 号点，与原第 N 号定标桩处的跟踪人员对向搜索，使用专门的跟踪仪器尽快判定检测设备的实际位置。

重点查找的区域包括这一区域内的阀门、支管、厚管壁部分等。如果检测设备被怀疑位于某个阀门、支管等地方，建议考虑采用放射线照相来确认。

一旦定位了检测设备，在开始救援行动之前，可能需要采取诸如放射线照相等方式进一步来确认。

如果仍不清楚位置，建议使用装有定位装置的“救援器”（推荐使用双向仪器）。使用救援器的目标是跟踪它的行程直到它碰到受困的检测设备，从而确定后者的准确位置。在某些情况下，例如：检测设备的驱动装置破损，救援器可以用来推出搁浅的检测设备。因此，救援器的前端最好装有厚实的缓冲层。在发射救援器之前，需要确认接收筒的长度能够同时容纳救援器和受困的检测设备，而且接收筒能够被隔离。

在某些情况下，例如，检测设备被确认停在管线中，而且怀疑它的驱动装置已经损坏或磨损，建议使用金属芯凝胶体去推出检测设备。在发射金属芯凝胶体之前，需要发射一个泡沫清管器（带有缓冲面板）。在到达被困的检测设备后，这些凝胶就会发生作用（避免使用机械式的清管器）。应当记录金属芯凝胶体的发射时间，控制流量直到金属芯凝胶体接触到被困的检测设备。应当切断流量，让凝胶达到最大的结合度，然后速度达到最大以便推出受困的检测设备。泡沫/凝胶清管器挤压受困的检测设备有可能会引发进一步的不可预知的问题。

如果所有救援尝试都失败了，建议考虑如下方法：

（1）采取旁通，切除隔离管段收回检测设备。

（2）停输，切除困住检测设备的管段，用另外的管节替换。

四、其他

对于收球筒尺寸不满足接收检测器要求的，应提前预制收球套筒；对于存在相邻三通影响检测器顺利通行的，应提前进行考虑，改装检测器，如增加驱动皮碗等，这些改动后，需要重新评估收发球装置和检测器通过能力。

第五章　现场跟踪配合与风险分析

现场跟踪是清管及内检测作业最重要的一个环节，清管器运行状况如何，检测器定位精度如何都取决于现场跟踪的状况。虽然说内检测清管与日常清管没有太大的差异，但是对于运营商来说，一般都要求内检测清管按照3~5km设置一个跟踪点，相对来说日常清管也就在阀室进行跟踪，甚至有些日常清管都不设置跟踪点。当然在内检测清管的时候要求加密跟踪点这种做法是有一定的道理的，内检测清管采用的清管器清洁能力比较强，通过能力相对来说弱一点。

第一节　现场配合工作内容

所谓内检测配合工作就是负责内检测的收发、跟踪等工作，基本涵盖了清管现场实施的工作，且比清管现场工作更加详细和具体。因此，下面就以内检测配合工作为例进行说明。

内检测现场配合是一个系统的工作，也是内检测工作中的一个重要部分，对于开挖验证、缺陷修复的定位准确性方面起着关键的作用。现场配合工作主要包括现场踏勘、人员组织、跟球方案、标定盒摆放与回收、现场联络与沟通、跟球记录。

现场跟踪除了实时了解清管器的运行状态外，还是为了内检测运行跟踪提供参考。内检测器运行的时候，需要1km设置1个定标点。它的作用除了了解内检测的实时位置外，更是为了后期检测数据分析提供更加准确的定位参考位置，做这一项工作对于缺陷的开挖定位也是至关重要的。

内检测现场配合流程如图5-1所示，这个流程的关键在于职责清晰，沟通到位，实施时关键节点要控制好。

现场踏勘主要是为后续工作打好基础，同时也为确定发送检测器的时间提供参考。在现场踏勘过程中需要记录哪些地方适合摆放标定盒，哪些地方必须摆放标定盒，哪些地方车辆可以进入，哪些地方车辆不可以进入；明确需要摆放多少个标定盒，需要哪些站场的人员参与，各个站场的人员负责哪些点；识别进入各个摆放标定盒的位置可能存在哪些风险，需要提前采取哪些预防措施等。

人员组织是在现场踏勘完成后开展的工作，这个阶段需要明确需要多少人，哪些人员合适参加跟球工作，哪些人员能够参加跟球工作，需要多少辆车，谁负责联络等，并形成人员名单表，见表5-1。对于这些人员应进行相应的培训，使他们能够熟练使用检测器跟踪设备、探管仪等并掌握跟踪计算的方法。

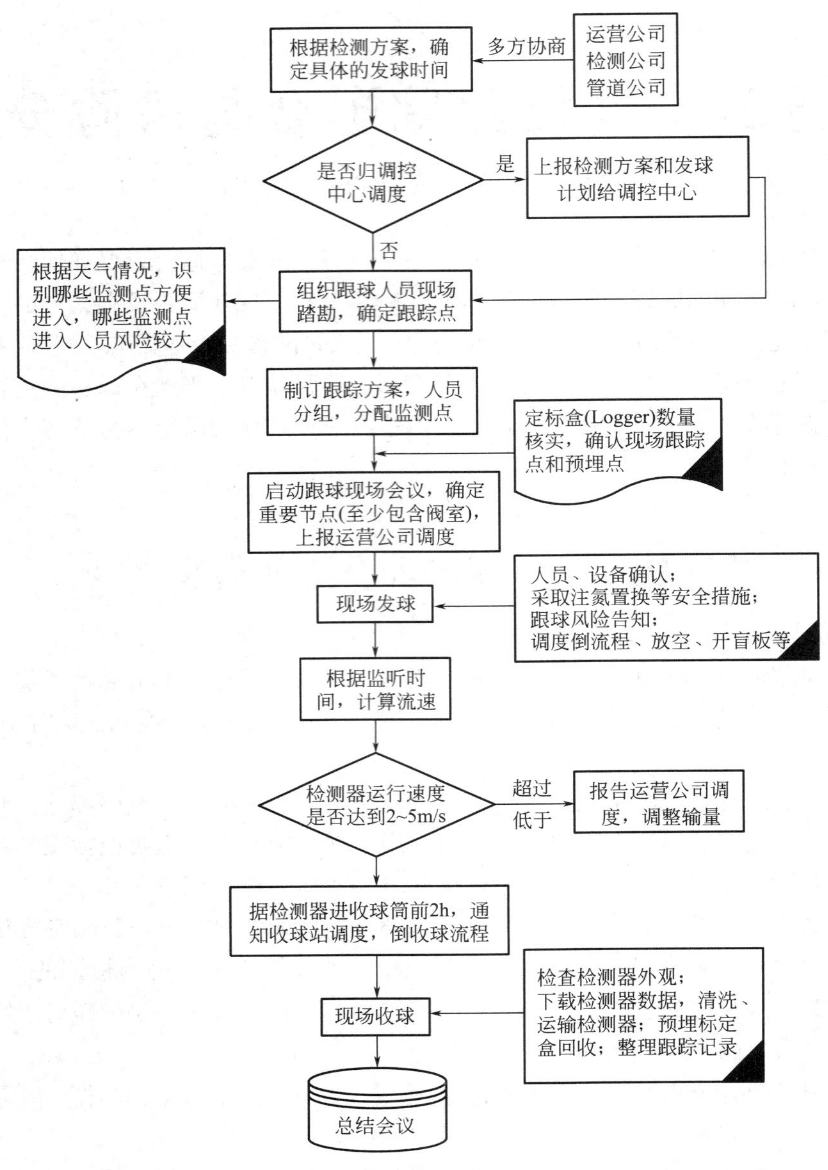

图 5-1　内检测现场配合流程图

表 5-1　跟球人员名单表

地面标识	里程（桩号+里程）	负责摆放人员		负责接送司机		备注
		姓名	联系方式	姓名	联系方式	

跟球方案主要是明确哪些标定盒由哪些人负责摆放，需要多大的流量，并根据输量计算流速［输气管道见式(5-1)］和检测器的运行速度，什么时间检测器可能到什么位置［式(5-2)］，以及将现场踏勘和人员组织的信息编写在方案中，同时这个阶段还需要召开两次现场会议。这两次现场会议分别是为了完善方案，提高可执行性以及跟球前的动员会议。

$$v=4.17\times10^{4}\frac{Q}{pD^{2}} \tag{5-1}$$

式中　v——流速，km/h；

Q——流量，$10^{4}m^{3}/d$；

p——输送压力，MPa；

D——管径，mm。

$$t=\frac{M_{n}-M_{(n-1)}}{v}\times60 \tag{5-2}$$

式中　t——经过两个邻近标识点所需时间，min；

M——标识点；

n——标识点的序号；

$M_{n}-M_{(n-1)}$——两个邻近标识点的距离，km；

v——流速，km/h。

标定盒的摆放与回收就是现场人员根据制订的跟球方案开展工作的过程，这个阶段是现场跟球的主要工作。同时，这个阶段可能会遇到一些未曾考虑到位的问题，需要现场人员及时沟通，并做出相应合适的反应，如车辆救援。

现场联络与沟通是标定盒的摆放与回收工作顺利实施的重要保障，也是处理突发事件最及时有效的手段。这期间包括定期向公司调度报告检测器的运行情况，出现问题及时反馈给相关人员，并制订联络信息表，见表5-2。

表5-2　现场联络与沟通信息表

序号	单位	姓名	主要职责	联系电话	邮箱	备注

跟球记录应由现场配合的主要负责人来实施，主要是将标定盒摆放的位置和检测器通过的时间，以及摆放的人员等相关信息进行记录的工作，具体记录内容见表5-3。

表 5-3　内检测现场配合记录表

地面标识	距离（距离起始点）	位置（桩号+里程）	检测器计划运行速度	检测器计划运行时间	检测器计划通过时间	检测器实际通过时间	检测器实际运行时间	检测器实际运行速度	埋深	标识盒类型	地面标高	东经	北纬	位置描述

第二节　测量基准点与跟踪注意事项

一、测量基准点

基准点是沿管线放置参考标识的不连续测量点。这些标识点可以永久安装于管道上（如磁铁），或是便携式地面标识系统。易于识别的管道部件（如阀门）也可以成为基准点。如果使用地面标识系统，宜特别注意基准点位置管道的埋深不能超过标识器所允许的最大值，一般不应超过 3m。同时，应避免将标识器放置在套管上方，可能无法探测到内检测器的通过。

跟踪位置应该设在管道正上方和其他关键位置（如阀室、弯头等）以确认检测器顺利通过所有内部设施。跟踪位置间隔宜适当，避免可能因相邻位置距离过近导致错误触发跟踪器，一般最小间距应不小于 10m。

基准点的目的是校正由于内检测器里程轮打滑或管道沿线地形海拔显著变化造成的测量距离的误差。管道上的基准点通常是以一定的间隔设置，间距越密定位精确越高。内检测器在管道内运行时，基准点是检测器跟踪并保持合适速度的参考点，同时也是在开挖过程中位置测量的参考点。基准点宜设在管道里程桩等永久标识附近且容易进入的位置。

基准点位置需要仔细测量、记录、维护，并作为管道永久记录的一部分，记录的信息表见表 5-3。

二、GPS 使用

为了方便和记录内检测，考虑使用 GPS。GPS 所采用的坐标系统不依赖于管道或其他以地面为基准的坐标系统，可识别并修正管道设点错误。GPS 以独立的地理参考格式，提供了一种记录所有内检测相关信息的简单方法。使内检测数据与管道地理信息系统更容易整合。

一旦建立起精确的管道 GPS 坐标，除非在管道环境调查中发现管道存在岩土或其他外力危害，否则不必再进行 GPS 测量。如果将内检测和 GPS 坐标关联起来，精确的管道 GPS 坐标可能使今后的检测不需要使用地面标识点或基准点。

三、标识器同步

标识器在发送之前与检测器进行时间同步。标识器不仅可以探测检测器的通过，还可以通过比较时间来定位检测器在记录中的相对位置。

四、跟踪重要阶段

如下情况应通知管道调控中心：

（1）检测器准备发送时；

（2）检测器已发送并跟踪过程中；

（3）管道流量或检测器运行发生异常时；

（4）检测过程中，发现管道输送条件发生改变时；

（5）正常间隔时间内，跟踪人员无法确认检测器位置时；

（6）检测器多次提前到达中间增压站、过球指示器或接收位置时；

（7）当接收到检测器，且管道能切换至正常运行流程时。

五、应急计划

内检测前应制订应急计划，应急计划宜包括诸如通讯线路、用于推出检测器（发生卡堵时）的操作、检测器解体时的操作、运行故障、通过切管取出检测器等。应急计划同时宜考虑运行失败的可能性（由于检测器本身或管道条件）和是否需要重新运行检测。同时，应急计划中应包括完善的应急组织。

第三节　地面定标注意事项

一般要求定标点间距不超过1km，在高程落差比较大或者穿跨越区域应加密设置。沿管线正上方以1km的间隔距离进行参照点的GPS测量（特殊部位加密摆放）。这些点将作为后续检测器运行过程中的跟踪点（Marker盒摆放点）和管道特征定位的参考点。

所有定标点处的埋深（地面到管道中心线的距离）不得超过2.5m，定标点尽可能避免设置在铁路、公路和高压线附近区域。此外，还需在干线阀门中心线上游5m和10m（或4m和8m）各设置一处定标点（具体距离以该定标点位于阀门上游的室外原则而定），埋设固定地标后进行相关测量。

通过地面测量生成经纬高程坐标，可以被转换为以发球筒为原点的相对坐标，因此，提供给检测公司的只是管道的相对坐标。检测公司将提供一个电子表格用于进行相对坐标转换。GPS测量及相对坐标转换工作可以和清管工作同时进行，但在运行检测设备前必须完成。

为了补偿传感器的漂移，必须将惯性测量装置中记录的路线与沿管道中心线固定间距的地面 GPS 测量位置相关联。为确保高精确度和合适的报告时间标度，这些地面 GPS 测量必须高度精准。

地面 GPS 测量中的任何失误都可能影响最终报告的管道走向。这些失误也可能因惯性测量装置的漂移量而被放大，从而会篡改测量点之间的管道走向。因此，必须确保地面 GPS 测量的准确性。

还可以将含铁磁性定标牌或磁铁可用作永久性定标点，直接放置到管道上作为定标点。但仍必需对该类定标点位置进行 GPS 测量，且必需在该等位置正上方设置定标桩，以识别铁磁性定标牌的位置。

第四节　内检测清管异常事件分析

在发送内检测设备前，有个非常必要的工作是需要开展的，那就是对于前期内检测清管推出的杂质和异常事件的分析。绝大部分的异常事件是可以追溯到原因的，通过分析原因采取进一步的措施，可以有效保障内检测设备的顺利收发。通过清管推出的杂质分析，也能确定是否具备发送内检测设备获得高质量数据的条件。当然也有些情况是很难分析出原因的，在做下一步是否继续发送清管器和发送内检测器方面需要冒一定的风险。下面就分享一个案例。

2014 年 7 月 15 日一条输送长庆原油的石兰线石空—沙坡头段发送完测径清管器后，发现测径板被尖锐物体刮伤（图 5-2）。排查完所有阀门的开度正常后，后来连续发送 5 个清管器（其中 3 个带测径板），都是同样的情况，测径板被尖锐物刮伤。在中间发送的一个清管器后还推出了一根白钢杆，经过后续清管器证明，清管器上的刮痕不是由于白钢杆造成的。最后，长庆分公司派遣地面人员进行逐项排查，包括采用埋地管道防腐层检漏仪（PCM）检漏，都未能排查出尖锐异物。

图 5-2　清管器皮碗和测径板划伤并推出了一根白钢杆

对于在第一个清管器测径板被尖锐物剐蹭，不明尖锐异物是否会导致下一个清管器卡堵方面的疑虑，做了如下分析：

（1）第一个球顺利通过了，且尖锐物对测径板的损伤有限。

（2）没有更好的手段判断导致测径板损伤的具体原因，即使再排查也没有多大进展或者更好的手段。

（3）最糟糕情况即发生卡堵，但也能识别出卡堵点，从而进行处理，对后期的清管和检测也有好处。因此，决定后续的清管器照常发送。

在通过多种手段未能排查出异物的情况下，各方协商后决定7月26日发送漏磁检测器。同时沈阳龙昌管道检测中心准备一个救援清管器；长庆输油气分公司维修队待命，并提前与管道局西北抢修中心联系，做好保驾工作。

7月27日漏磁检测器顺利抵达沙坡头站，检测器外观完好，并获得了完整的检测数据。

后来获取了管道内检测数据后，对这段检测数据进行了优先分析，通过检测数据分析也未能排查出异物。至今也未能分析出导致刮痕的原因。后期对于这条管道也制订了常规清管的计划，将继续监控这段管道清管情况。

第五节　现场配合工作风险识别

对于面临的各类风险必须在现场实施方案中全面识别，制定相应的预防措施。同时，现场跟球过程中应成立后勤保障组，控制人员面临的风险，保障现场安全。现场配合工作中主要面临的风险有以下两个方面：人员面临的风险与设备面临的风险。

一、人员面临的风险

人员面临的风险主要有以下几个方面：

（1）在装载和收发球区域组建并操作检测工具以及所有的支持设备，被卡车、叉车、载荷、车辆后挡板/侧挡板撞击，造成挤压伤害、骨折、切割伤或擦伤；

（2）遇到雨雪天气，道路泥泞，导致车辆倾翻或者陷入泥土中；跟球人员徒步进入监测点可能导致滑倒、跌伤等伤害；

（3）收发球间距较长，流速减慢，跟球时间长，人员不足，不可避免导致跟球驾驶员长时间疲劳驾驶带来的交通风险；

（4）由于输气管道站间距较长，跟球人员过度疲劳带来的生理、心理危害，诱发疾病，以及跟球过程中遭受野外蚊子、昆虫等叮咬致病；

（5）搭建发球装备以及在使用后撤离发球装备，包括任何专用设备的组装和拆装、使用木头设置摆放托盘的平台以及使用推车，摆放垫木、连接支腿、操作推动盘、调正托盘高度或连接反应式驱动设备（如果适用的话）时造成手指/手掌挤压伤或剪切伤。尖锐或粗糙边缘可能造成手和腿的擦伤和切割伤；

（6）收发球过程中对球筒实施氮气置换，并在现场配备可燃气体探测器，防止可燃气体的聚集。除非在进行了多次清管或者检测后，经过对推出的污物进行分析，证明推出的污物中不存在硫化亚铁等可能会导致自燃的物质的存在，可考虑不进行氮气置换，否则，必须进行氮气置换。

二、设备面临的风险

设备面临的风险主要有以下几个方面：

（1）检测器跟踪仪可能因为电池不足，压力、温度、振动等原因导致跟踪仪信号丢失；

（2）检测器可能由于管道变形、弯头曲率半径过小、阀门没有完全打开等原因导致卡堵；

（3）如果管道内存在大量的游离水，在高压下可能会在管道的特殊点（如阀门、壁厚变化处、缺陷处等）产生冰，大量的冰被检测器推动而集结有造成冰堵的风险；

（4）管线沿线大于管径30%的三通有些没有挡条或挡板，可能会导致三通停球；

（5）由于管道内部条件、皮碗质量原因，可能会导致皮碗过度磨损，从而使检测器丧失动力而停滞。

现场配合工作的好坏在一定程度上决定着内检测工作的成败，对于获取高质量的检测数据也具有至关重要的作用，检测管道的主要目的是识别管道特征（如腐蚀、焊缝异常、凹坑等）的位置在哪里，如果无法识别管道特征的位置，那么提供的每一处特征的预测尺寸就没有意义。

同时，现场配合工作纷繁复杂，也需要制订详细的工作计划，控制人员组织、探管、测量埋深、标识盒摆放间距等关键的环节，识别存在的风险，提前做好预控措施。

第六章　清管蜡堵事件处置案例

第一节　概　　述

对于原油管道来说，清管过程中发生蜡堵的可能性还是比较大的，尤其是国内刚开始清管时，受多方面的影响，比如技术的局限性，还有就是我国输送的原油特性属于高凝、高含蜡等三高原油，再者就是历史上未曾清过管，管壁结蜡厚度较厚等问题。总之客观因素和主观因素共同作用导致的蜡堵风险较大。随着经验的积累和技术的发展，包括对高凝原油物性的进一步改善，清管器结构设计的优化等，现在发生蜡堵的事件越来越少了。一般来说，发生蜡堵的主要原因有以下几个方面。

一、清管周期过长

管道内壁结蜡过多，被刮削下来的积蜡在清管器前端形成蜡塞，使清管器不能前进，从而引发蜡堵事故。清管器在管道内运行的各个流区如图 6-1 所示。

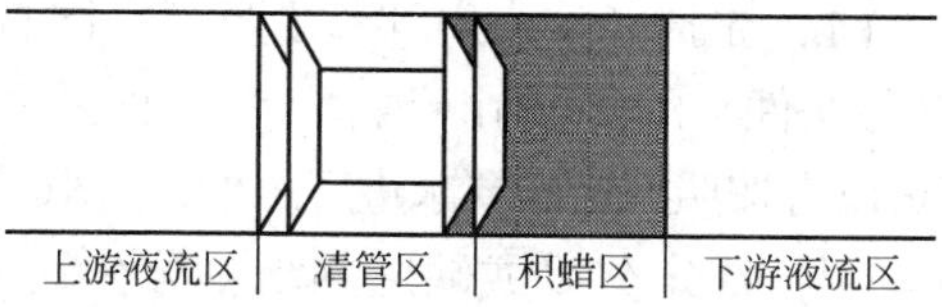

上游液流区　清管区　积蜡区　下游液流区

图 6-1　清管器在管道内清理杂质示意图

二、清管器结构不合理

清管器未设置泄流孔，导致清管器前端的蜡堆积越来越多，最终造成憋压，无法推动清管器前行，从而进一步导致低凝原油发生长距离的蜡堵。

三、输送温度过低

特定品种的原油具有一定的析蜡点，当输油温度高于析蜡点时，即使管壁有结蜡，也会在不断的冲刷下溶解下来，因此，一般清管前都需要进行热洗，在清管的时候也需要提高输送温度，最好保持进站温度在输送原油析蜡点以上。

第二节　中银线清管蜡堵事件

一、事件经过

中银线是一条输送大庆原油的长输管道。2009 年 3 月 10 日 19：50，长庆输油气分公司按既定运行方案进行大坝站至银川站之间的清管作业。3 月 11 日 8：00，大坝站运行参数变化，产生蜡堵迹象，随后启动了应急预案，在采取升压挤顶、提温冲洗等一系列措施未果的情况下，中银线于当日 23：00 停输。公司应急领导小组接到中银线情况汇报后，立即启动管道一级事故应急预案，并安排主管领导和有关人员前往现场指挥抢险。通过开孔排蜡、敷设旁通管线等一系列应急措施后，全线于 13 日 23：00 恢复输油。事故造成管线累计停输 60h，开孔排出蜡油混合物 49.6m^3，回收蜡油混合物 48.8m^3，事故直接经济损失近百万元。

二、原因分析

在分析事故原因时，采用了指标引导分析法，通过识别各个指标是否满足要求或者存在漏洞来确定事故的原因，并按照直接原因和间接原因来归类。

1. 直接原因

直接原因（一般也是导火线）是指对事故的发生发展起到最直接的推动，并直接促成其发生变化的原因。可以分为三类：

（1）物的原因，是指由于设备不良所引起的，也称为物的不安全状态。所谓物的不安全状态，是使事故能发生的不安全的物体条件或物质条件。

（2）环境原因，指由于环境不良所引起的。

（3）人的原因，是指由人的不安全行为而引起的事故。所谓人的不安全行为，是指违反安全规则和安全操作原则，使事故有可能或有机会发生的行为。

此次事件的直接原因主要包括以下几个方面：

（1）走捷径：分公司未按照《中国石油管道公司管道清管管理规定》（中管生〔2007〕617 号文件）的要求制定清管方案，而是一直沿用投产时确定的清管方式进行清管作业；相关人员没有按照规定的要求进行工作，采取了走捷径图省事的方式（未安装发讯器）。

（2）决定欠妥或缺乏判断：分公司对于中银线清管作业的形势缺乏正确判断，导致未能作出制定合理清管作业方案的决定。

（3）设备使用欠妥：使用的清管器没有泄流孔、过盈量偏大；由于清管三通过长，导致只能采用两个清管器串接的方式进行清管作业。

（4）集体违章：违反公司“重要信息报告制度”和“调度条例”，未及时上报。

（5）监督违章：分公司管理层违反公司“重要信息报告制度”和“调度条例”，对及时上报缺乏监督。

（6）保护装置、警示系统或安全装置失效：各站超压保护装置未按规定投用。

（7）使用有缺陷设备（已知）：尽管知道未装发讯器的清管器存在缺陷，但仍然坚持使用。

（8）设备不足：此次抢险所必需的吊车等设备不足，不能满足抢险使用。

（9）其他原因：分公司的风险识别不充分，安全意识缺乏。

2. 间接原因

间接原因是指引起事故原因的原因。间接原因主要有：

（1）技术方面，包括主要装置、机械、建筑的设计，建筑物竣工后的检查保养等技术方面不完善，机械装备的布置，工厂地面、室内照明以及通风、机械工具的设计和保养，危险场所的防护设备及警报设备，防护用具的维护和配备等所存在的技术缺陷。

（2）教育方面，包括与安全有关的知识和经验不足，对作业过程中的危险性及其安全运行方法无知、轻视不理解、训练不足，坏习惯及没有经验等。

（3）身体方面，包括身体有缺陷或由于睡眠不足而疲劳、酩酊大醉等。

（4）精神方面，包括怠慢、反抗、不满等不良态度，焦燥、紧张、恐怖、不和等精神状况，偏狭、固执等性格缺陷。

（5）管理方面，包括企业主要领导人对安全的责任心不强，作业标准不明确，缺乏检查保养制度，劳动组织不合理等。

此次事件的间接原因主要包括以下几个方面：

（1）情绪超负荷。有关人员受到来自工作上的压力，因此不敢严格执行公司“重要信息报告制度”和“调度条例”及时上报有关情况。

（2）对关键的安全行为没有充分的认识。有关人员没有认识到及时上报有关情况对于预防或降低事故的关键作用。

（3）对所需求技术没有充分评估。有关人员对清管作业相关技术缺乏识别、对中银线的整个结蜡规律缺乏具体的研究分析，认为已掌握了有关规律，而没有进行深入的研究，也就没有采取相应措施。

（4）领导不力。不执行《中国石油管道公司管道清管管理规定》（中管生〔2007〕617 号），未制定清管方案；不严格执行管道公司《中国石油管道公司重要信息报告制度》（中管办字〔2004〕第 421 号）和《中国石油管道公司油气管道运行调度工作条例》（中管生〔2006〕365 号）；没有有效执行“清管器应安装发讯器”的规定。

（5）工作场所/作业危险预防不力。对于分公司先前发生的蜡堵事故、事件，预防不力，未能提出具体可行的预防措施。

（6）缺乏适当的审核/检查/监控。两级机关都未对清管方案的制定情况进行检查。

（7）收货项目与订购项目不符。中银线建设期间采购的清管三通与设计不符，导致建成至今只能采用两个清管器串接的方式进行清管作业。

（8）操作规程/方针/标准/程序沟通传达不力。公司的《中国石油管道公司管道清管管理规定》（中管生〔2007〕617 号文件）2007 年 12 月下发，但由于分发不完全、与培训工作没有完全结合等原因，造成该规定在分公司内部没有很好地沟通传达。

（9）培训工作不充分。预案日常培训不充分，因此对于何时启动二级预案、如何规范启动二级预案掌握不够。

（10）操作规程/方针/标准/程序没得到强化。实际工作中没有强化应及时启动二级预案。

（11）上下级间垂直沟通不充分。在二级预案的启动上分公司上下级间垂直沟通不充分。

（12）对所需求技术没有充分评估。根据以往的经验有关人员认为超压挤顶解堵是正常的解堵措施，未能进行有效进行风险评估。

（13）很少进行实际操作技能锻炼。有关人员极少接受过挤顶解堵预案的演练，更谈不上在实际中锻炼操作技能。

（14）缺乏对工作场所或作业的危险的鉴定。公司也未能对清管蜡堵暴露出来的隐患进行识别和分析研究。

（15）事故报告调查机制不完善。公司对于分公司以前发生的蜡堵事故没有按照事故汇报调查程序和基本原则进行处理。因而不能有效汲取经验教训和采取相应建议措施，以防止类似事故发生。

（16）操作规程/方针/标准/程序没得到强化。对于不得违反规程超压挤顶没有得到强化。

（17）工作场所/作业危险预防不力。对于分公司先前发生的蜡堵事件，引起了有关人员对不足和缺陷的注意，但没有对清管器未安装发讯器的不足和缺陷进行有效整改。

（18）变更管理不善。分公司变更管理不完善，未能将公司制定的“清管管理规定”的有关内容纳入作业文件中。

（19）需求和风险评估欠妥。对合理完成此次抢险工作的需求评估有误，因而导致抢险现场吊车等资源准备不足。

三、整改和防范措施

通过事故原因的分析，提出了以下整改措施：

（1）要加强管输工艺研究，针对长庆油田产油区块和原油物性变化可能对管道运行带来的影响，在中银线管输原油物性和管道结蜡机理等方面开展进一步的试验与研究，以便确定更安全合理的输送工艺。

（2）对马惠、惠宁及中银线储运设施全面进行研究和分析，完善储运设施，实现本质安全。

① 研究评估是否应在大坝站增设一台加热炉或在3#阀室处建加热站，以完善运行安全保障设施；

② 完善中银线 SCADA 系统，使全线各站具备数据上传和自动化保护功能，便于全线的调控运行，为生产运行提供安全保障；

③ 结合实际情况，对中银线清管三通是否更换进行进一步研究论证。

（3）根据中银线的运行情况，管道公司对近期《中银线运行方案》和《中银线清管作业方案》进行了进一步的细化与完善，并于2009年3月25日组织专家对两个方案进行了审查，与会专家和技术人员根据中银线运行情况和管道状况，对机械清管器和泡沫清管器进行了对比分析和研究，考虑到泡沫清管器在结构强度和清管效果方面的因素，建议采用机械清管器较为合理，但需对目前使用的机械清管器进行改进：

① 仍然采用和原清管器同样的两个直板机械式清管器相连接的形式。

② 支撑板在原来基础上增开20mm宽度的4个泄流槽。

③ 密封刮蜡皮碗的数量由原来的8个改为2个，皮碗由原来的直板型改为碟形，但皮碗的过盈量暂不超过2%（原直径为ϕ273mm，过盈达5%）。

④ 前密封皮碗上开4个ϕ10mm的泄流孔，在尾部密封皮碗上开4个ϕ15mm的泄流孔。

⑤ 每个清管器都配置发讯器。

⑥ 根据第一个清管器通过情况确定第二个清管器结构形式和过盈量。

（4）进一步强化输油气生产运行监控管理，加强输油气管道的运行监控和日常运行分析，随时掌握运行参数的变化，并认真进行分析和总结，根据参数变化及时调整运行方案，使其规范化、科学化。

（5）完善应急预案，进一步识别生产运行中可能存在的风险，并针对风险制订相应预案。加大应急预案培训、演练力度，强化员工对预案的熟练掌握程度。增加预案演练频次，使员工能够熟练掌握应急措施，明确自己在应急反应中的职责，通过演练，进一步提高员工的安全意识和应对能力。

（6）进一步加强维抢修体系建设。

①根据马惠宁、中银线的实际需要，合理配置抢修人员、机具、设备和材料，保证能够同时应对多次抢险需要的物资和设备。

②重点加强抢修作业组织的规范管理，提高维抢修管理人员的现场应变能力，有效组织抢修作业。

（7）建立与地方政府及相关部门的和谐关系，加强信息沟通与联动应急演练，不断摸索、完善企地、企警联动机制，充分有效发挥各方作用，有效利用周边的抢修力量和资源，积极配合，联动协作，在发生事故时第一时间控制事故现场，为管道抢修的顺利进行创造条件，减少损失和环境污染，控制媒体的不良影响，为事故妥善处理提供保证。

（8）加大员工培训力度，提高员工的安全生产意识。首先加强相关管理人员对规程、规范及上级有关规定的学习，提高认识，强化执行力，确保相关规程制度的落实。同时，对岗位人员重点加强安全意识教育，从思想根源入手，转变思想认识，杜绝员工日常作业中存在的经验心理、侥幸心理和麻痹心理。

四、经验教训

1. 对中银线输送工艺变更后运行风险缺乏深入研究

为确保中银线所输热处理和综合热处理原油经大坝站重复加热后的凝点达到中银线安全运行要求，中银公司2004年委托中国石油大学（北京）开展了专项研究，研究和试验得出的结论为：“温度回升对于中银线管输原油有明显的影响，回升温度低于45℃，凝点明显上升；回升温度45℃以上，凝点变化不大”。所以依此确定了中银线大坝站重复加热温度高于50℃以上的运行要求。

由于对热处理和综合热处理原油重复加热后在中银管道的结蜡规律没有再进行进一步研究，同时，对长庆油田上产后油品物性的变化对中银线的影响程度也未进行深入跟踪研究，致使对此次清蜡产生大量的结蜡现象缺乏认识。

2. 没有认识到清管作业存在的风险

由于中银线建设中购置和安装的长尺寸清管三通不满足设计要求，投产以来一直采用两个清管器串接方式进行清管，同时，清管器过盈量和清管皮碗没有泄流孔，对清管过程中一次清除大量凝蜡和产生卡阻的概率的风险未能进行有效的识别，也没有进行及时有效的整改。

3. 对缺少安全保障设施的风险认识不足

没有认识到中银线输送热处理与综合热处理原油结蜡除清管外没有热洗措施的风险

(如马惠宁线针对管道定期分段热洗)。

由于中银线是国内首条以热处理和综合热处理输送工艺进行设计的管线，设计参照了马惠宁线原油热处理和综合热处理输送工艺，未对中银线具体状况进行针对性输油工艺改进，对中银沿线土壤结构、气候等因素对管线结蜡的影响及由此对管道运行产生的风险考虑不足。

4. 清管作业管理规定执行不严格

针对清管作业，公司于2007年12月下发了《中国石油管道公司管道清管管理规定》(中管生〔2007〕617号文件)。对清管作业提出了具体要求。而此次清管未完全按此管理规定执行（其中第十四条，当在清管过程中发生清管器卡堵时要严格执行公司重要信息上报规定及时上报管道公司；第十五条，输油气管道清管器应安装发讯装置，根据情况可决定是否安排沿线跟踪）。

由于对此规定的执行和监督不到位，以至在发生蜡堵的情况下无法准确地判断清管器位置，造成确定清管器和蜡堵位置耗时过长，延长了抢修时间，并对后续的处理方案产生较大影响。

5. 管理手段存在不足

当时的情况是中银线的运行参数没有实现集中自动采集，长庆输油分公司调度室也没有对运行参数进行自动实时监控的手段，对各站运行参数的监控还是采用人工汇报方式，由于监控手段不完善，各级生产运行管理人员不能够及时了解和关注中银线的运行和清管作业中存在异常情况。

6. 未严格执行管道公司重要信息汇报的相关规定

针对重要信息汇报，管道公司于2004年12月下发了《中国石油管道公司重要信息报告制度》(中管办字〔2004〕第421号)，2006年6月下发了《中国石油管道公司油气管道运行调度工作条例》（中管生〔2006〕365号）文件。对重要信息汇报做出了具体要求。但是，蜡堵发生后长庆分公司未严格执行重要信息汇报制度（第二十条，重大事故报告程序，各分公司发生重大事故后，应立即将事故情况报对口管理部门、公司总经理办公室（党委办公室）和质量安全环保处，并在1h内报送文字材料）和调度条例（第二十四条，输油气站和辖区内管道干线发生事故，输油气站调度应立即向上级调度和主管领导汇报。汇报内容包括：事故发生的时间、地点、现场情况、事故原因，已经或者拟采取的处理措施等。如果事故原因暂时不清的，尽快查清后及时补报)。

由于这些规定的执行不到位，造成蜡堵发生后，信息不能及时上报，影响了上级领导和部门对应急抢险工作的方案决策和技术指导，贻误了抢修时机。

7. 应急预案编制不完善，可操作性不强

中银线二级应急预案中没有处理管道蜡堵的应急措施。在对管线凝管事故处理措施中也只提出了“应在上级调度指挥下立即采取升压、升温措施，在管道允许最大出站压力和最高出站温度下持续顶挤”的措施，而相应的配套和后续措施未明确提出，可操作性不强。

8. 运行规程缺乏可操作性和实效性

在《中银线原油热处理及综合热处理输送操作规程》(Q/SY GD0078. 1—2002)、《中银管线原油热处理工艺操作规程》（Q/SY GD0078. 1—2002）中，虽明确提出了“在运行中，出现排量减少，压力上升时，并危及管线安全运行时，应在1#、2#（大坝站）、3#截断阀室处采用压裂车或热洗压裂车进行提压”。但也没有进行细化，没有随后的其他相应措施，使应急抢险工作无章可循。

目前中银线工艺运行和管道清管所执行的技术规范为：《中银线原油热处理及综合热处理输送操作规程》（Q/SY GD0078.1—2002）、《中银管线原油热处理工艺操作规程》（Q/SY 0078.2—2002）。中国石油管道公司于2007年提出对两规程进行修订，后因Q/SY GD0078.1—2002和Q/SY GD0078.2—2002上升为集团公司企业标准，列入了2008年修订计划。新的标准为《原油管道工艺运行规程，第8部分：中银原油管道》（Q/SY GD0078.8—2009），已于2009年4月1日开始执行。

从以上情况看，标准的修订和完善存在滞后的问题。

9. 应急抢修存在的问题

通过这次中银线解堵抢险作业，暴露出在应急抢修过程中存在许多问题。

（1）应急预案内容不全面，未能识别出中银线运行和清蜡过程中产生蜡堵的风险，在二级应急预案中没有处理蜡堵的应急措施，如连接旁通管线等应急方案，蜡堵事件发生后不能及时有效的按照应急措施实施抢险。

（2）抢修准备工作不够充分，主要反映在实施抢修的措施和方案不够完善，统筹安排不合理，抢修机具、设备、材料等物资不足，由于抢险作业的施工点多，抢修机具、材料不能满足多处施工要求，如抢修用吊车、挖掘机、带压开孔机等数量少，不能满足多点同时作业，影响了抢修时间。

（3）对抢修难度估计不足，以至于连续抢修作业时间过长，抢险人员疲劳过度，不能有效地实施抢修。

（4）没有建立起有效的企地和企企联动机制，与地方政府和兄弟单位在信息沟通和联合演练方面存在不足，在突发事故情况下，不能充分发挥地方政府相关部门的作用，不能快速、有效地利用周边尤其是兄弟单位的抢修资源。

10. 对中银线结蜡规律的研究不够

对中银线投产后管道低温运行出现的结蜡对运行安全的影响问题和输量适应性问题，虽进行了改进，即分步将原设计中的2#阀室（现大坝站）逐步改建为清管站、加热站和热泵站。特别是2#阀室改建为清管站和加热站后基本缓解了管道投产后清蜡运行压力过高和频繁清管（三天一次）的状况。但对于大坝站热泵站运行后中银线全线的结蜡规律以及清蜡对运行安全影响的研究没有能够深入进行，对可能产生蜡堵的安全风险认识不足，特别是对中银线8年运行期间所出现的几次异常运行情况产生了麻痹思想，认为是一种正常的生产现象，没有及时进行深入的分析和研究。

这份事故调查分析报告虽然简洁，但是内容面面俱到。通过原因分析，事件现状描述，从管理提升和技术改进等多方面提出了改进的建议措施。在对原油管道清管风险也有了更深的认识，促进了原油管道清管技术的发展，尤其在清管器设置泄流孔方面，优化了过盈量的设计。对于操作规程和标准规范的进一步完善也起到了非常重要的作用。

第七章　清管器卡堵处置案例

第一节　概　　述

清管器卡堵事故是清管过程中发生的异常事件相对比重比较大的一种类型，其直接原因就是它受到的阻力大于管线可提供的最大推动力，在实际清管操作中可能引起清管器卡堵的因素有以下几点。

一、清管器尺寸选择不当

为了确保皮碗与管壁紧贴达到密封，皮碗的外径应大于管道内径，但皮碗外径越大，其与管壁的摩擦力就越大。不同种类清管器的最优过盈量不同，橡胶皮碗对管线的过盈量为4%左右，而聚氨酯皮碗的过盈量在1%～3%之间为较优。如果选择的皮碗外径过大，可能会造成清管器与管道的摩擦力过大，引起清管器卡堵事故。

二、管道发生较大变形

由于施工质量差、管道发生沉降等原因导致管道产生较大变形，使得清管器不能通过。

三、历史资料信息收集不全

有很多管道施工不规范，未按照设计规范要求施工，出现虾米弯、较小曲率半径的弯头等，从而导致管道的卡堵。

第二节　马惠线弯头处清管器卡堵事件

一、事件经过

马惠线自曲子（马岭）至惠安堡，全长162.23km，分别为曲子站—洪德站（66.33km）、洪德站—山城站（31km）、山城站—惠安堡站（64.9km），管径325mm，1979年6月建成投产。2012年8月12日至8月22日，马惠线曲子至洪德段共运行4个机械清管器，运行记录如下。

8 月 12 日：运行六直板测径板清管器，清管器运行前后如图 7-1 所示。

(a) 清管器运行前

(b) 清管器运行后，清出污物35kg

图 7-1　六直板测经板清管器运行前后

8 月 15 日：运行 25%钢钉清管器，清管器运行前后如图 7-2 所示。

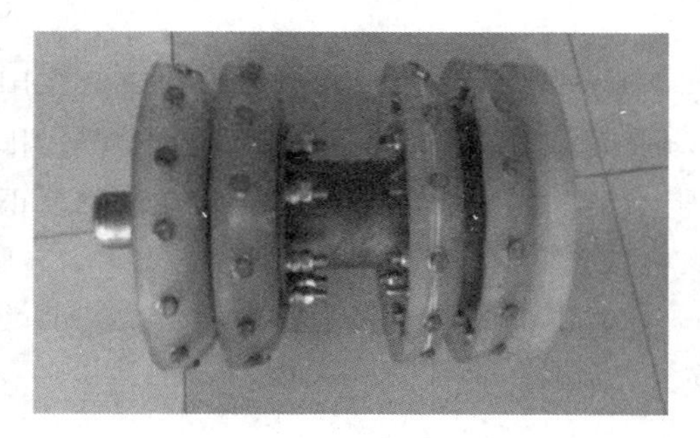

(a) 清管器运行前

(b) 清管器运行后，清出污物7kg和一块钢板

图 7-2　25%钢钉清管器运行前后

8 月 18 日：运行六直板磁铁清管器，清管器运行前后如图 7-3 所示。

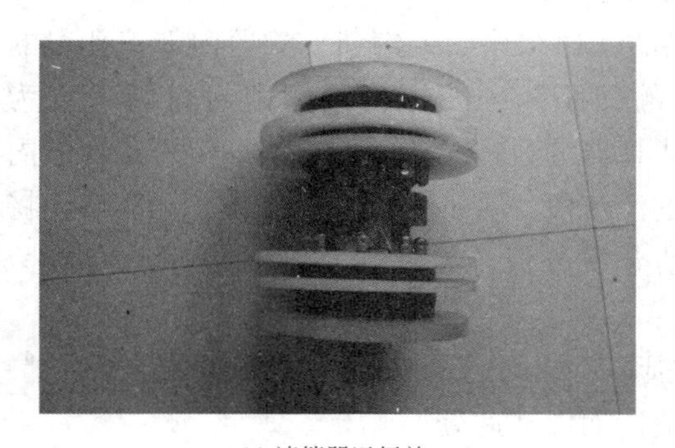

(a) 清管器运行前

(b) 清管器运行后，清出污物6kg

图 7-3　六直板磁铁清管器运行前后

8 月 21 日：发送 50%钢钉清管器，清管器运行前后如图 7-4 所示。

8 月 24 日，运行六直板清管器。10：00 发球，出站压力为 3.55MPa，出站温度为 26℃，排量约 240m^3/h，清管器通过 1153#球阀后，在球阀下游 1m 处的三通位置

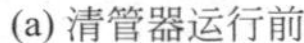

(a) 清管器运行前

(b) 清管器运行后，清出污物35kg

图 7-4　50%钢钉清管器运行前后

停止不前，且有明显的截流声，技术人员使用定位仪检测到清管器停在三通处。之后，通过采取快速切换流程的方式，冲刷清管器 3 次，但都没有效果，随后切换至正输流程。

19：00 接分公司调度通知马惠线临时停输，目的是尝试在降压的过程中在压差作用下使清管器移动。20：00 启运 1#泵机组，快速倒通发球流程，运行压力为 3.55MPa，排量为 240m^3/h，稳定运行 30min，清管器依然卡阻不动，之后按分公司调度令要求恢复正常流程。

卡堵清管器密封盘的过盈量为 4.2%～4.8%。清管器的每个直板上都有泄流孔，前端每个直板各有 3 个泄流孔，后端每个直板各有 6 个泄流孔，泄流孔孔径为 15mm。

二、原因分析

根据前期的运行情况和管道的运行条件，可以预测清管器卡堵的原因有以下几个方面：

（1）根据 8 月 25 日长庆输油气分公司提供的三通结构图纸判断，三通内部花孔段的长度大于 637mm，而六直板清管器两导向盘的间距为 438mm，两侧密封盘的长度为 338mm，远远小于泄流段的长度，加之六直板清管器的过盈量为 4.2%～4.8%，在管道内的阻力较大，除非清管器一次高速通过该三通的泄流段，否则一旦发生停顿，再次启动将非常困难。原因是清管器前后端的花孔将驱动介质分流，导致清管器失去驱动力停留在此。

（2）可能是清管器在快速通过阀门时受到损坏，或阀门还未全部打开时清管器通过，导致密封盘受损，驱动失效未能顺利冲过该泄流段而停在此处。

（3）可能是清管器的结构问题，尤其是在导向盘和密封盘上开泄流孔导致导向盘和密封盘的强度降低，且容易在开孔处发生断裂，导致密封失效。经与供应商确认，该清管器的设置满足随附的《机械清管器技术条件》（Q/SY 1262—2010），规范中允许在机械清管器的密封盘和导向盘上开泄流孔，且泄流孔的总面积占 6%，小于规定的管道截面积的 8%。泄流孔的前后端比例满足规范中规定的 1：2。

（4）三通处的管道壁厚可能大于 8mm，对直板清管器而言，过盈量已超过 5%，阻力比设计的要大得多，导致清管器未能一次性冲过花孔段而泄流停在此处。

（5）可能在三通处有硬性异物，造成清管器卡堵，因为在前几次清管时带出一块封堵落在管道内的铁板。

三、处置方案

1. 发送清管器挤顶

根据《马惠线特殊清管和标准几何检测方案》中的清管器卡堵预案，发送同类型清管器进行挤顶。

卡堵清管器和挤顶清管器的结构尺寸分别如图 7-5 和图 7-6 所示。

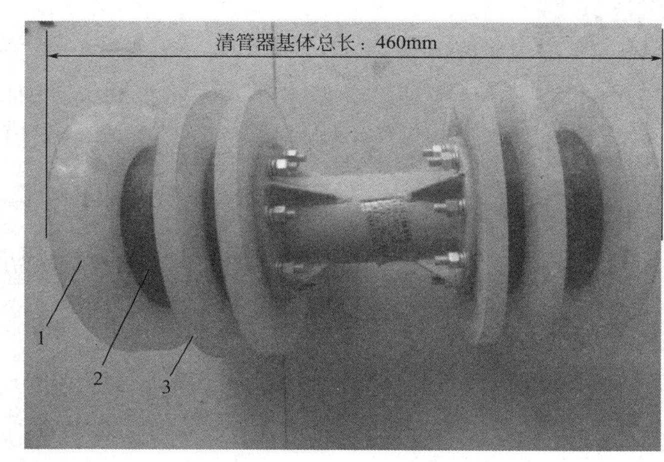

六直板清管器：

左侧为清管器前端，1个导向盘和2个密封盘上各有3个泄流孔；
右侧为清管器后端，1个导向盘和2个密封盘上各有6个泄流孔。

清管器基体总长为460mm，加上发射机外露长度为80mm，安装好发射机后清管器总长度为540mm。

清管器皮碗过盈量为4.0%～4.6%

图 7-5 停留在曲子站生产三通的六直板清管器实物图

1—导向盘，外径 302mm，厚度 25mm；2—垫圈（也称隔离板），厚度 25mm；3—密封盘，外径 324mm，厚度 15mm

挤顶清管器为六直板清管器：
该清管器总长和停留在三通处的六直板清管器总长一样，为540mm；该清管器的导向盘、密封盘、隔离板安装位置发生了变化，该清管器前端密封盘和后端密封盘之间长度如图L_1为375mm；该长度比三通停留清管器增长了100mm；密封效果更好；L_2为前端导向盘和后端导向盘间距：320mm。该清管器通过能力更强。

图 7-6 挤顶清管器实物图

1—导向盘；2—隔离板；3—密封盘，外径 324mm，厚度 15mm

挤顶清管器的优点如下：

（1）挤顶清管器基体上导向盘、密封盘、隔离板的安装位置发生了变化，前端密封盘和后端密封盘的间距为375mm，比三通处停留的清管器增长了100mm，由此该清管器的轴向密封长度大了，密封效果更好。

（2）挤顶清管器前端导向盘和后端导向盘间距为320mm，导向盘安装位置发生了变化，再加上2个密封盘之间有2块隔离板，它的通过能力更强。

图7-7　皮碗清管器实物图

（3）根据前两次皮碗清管器（图7-7）的运行记录可知，该清管器阻力小，密封好，通过能力优于直板清管器。问题在于现场没有新的皮碗可以使用，现场组正在收集使用过的磨损较轻的皮碗进行组装。但无论采取哪种类型的清管器进行挤顶，发球时的排量和压差控制均非常关键，需调度部门协调考虑。

2. 通过调整工艺流程将停留在三通处的清管器倒退回发球筒

正向增量、增大压差的方法均已尝试未果，倒推法也是常规的解卡方法之一。卡堵清管器为双向清管器，可以满足倒推的要求，但工艺流程是否满足还需调度部门确定。

3. 停输后排空取球

由于卡堵清管器距发球筒较近，将该三通上下游最近的截断阀关闭，排空该管段内的原油，然后从盲板口端将清管器拖拽出管道。该方案不确定因素较多，操作难度较大，周期长，影响生产。

4. 存在的风险及采取的措施

如果三通处有硬性异物造成清管器卡堵，则挤顶清管器有与卡堵清管器一起堵在三通处的可能，管线内压力有可能持续升高；如提高压差未能解卡，则需停输，最坏的情况是采取断管取球的措施。

挤顶清管器性能指标见表7-1。

表7-1　挤顶清管器性能指标

性　　能	指标
邵氏硬度	80±5
拉伸强度，MPa	>40
永久变形，%	<10
撕裂强度，kN/m	>70
阿克隆磨耗，cm^3/1.61km	<0.01
适用温度，℃	−40～+90
伸长率，%	>500
密度，g/cm^3	1.26
回弹，%	>15

清管器通过能力：

（1）弯管。清管器可通过弯管的最小曲率半径≥1.5D（管道外径）。

（2）直管。可通过直管段最大变形量≤20%管外径。

挤顶清管器跟踪系统性能规格如下：

（1）发射机，主要由发射线圈、电子线路以及电源组成（连接于清管器末端，清管器运行时不断发射脉冲信号，配合地面定位仪器，对清管器实施监控和准确定位）。

（2）供电方式，采用5#干式电池作为电源供电。

（3）发射机的连续工作时间≥100h。

发射机的性能指标如下：

（1）有效发射距离≥6m。

（2）信号频率偏差<±0.1Hz。

（3）发射机外壳采用不锈钢制成，最大耐压≥10MPa。

（4）适用温度范围为−30～90℃。

（5）电子定位接收机，主要用于对清管器的准确寻找和精确定位。

在性能上要求其完全能达到如下指标：

（1）有效探测深度（埋地距离）≥3m。

（2）具有声光报警显示方式，以便夜间能正常使用。

（3）采用干式电池供电，连续工作时间≥100h。

（4）定位精度为±0.5m。

四、应急措施

针对本次清管器挤顶处置方案，长庆分公司成立应急领导小组，组织机构如下。

领导小组，其职责为总体指挥挤顶清管器作业，负责任务安排、设备配备、人员布置、现场监督等各项事务。

在领导小组统一安排与指挥下，下设六个小组，各负其责。

（1）运行调度组职责：挤顶过程中的发布指令、流程切换、参数监测、上下游联系及记录等各项工作，负责作业过程中的信息及时上报到领导小组。

（2）收发球组职责：负责收发球现场工艺操作、流程切换，参数监测，发球时的污油处理；收球时管线清出杂物和污油的处理。

（3）安全消防保卫组职责：负责检查现场所有人员的劳保着装，现场施工所需的防护用品；负责作业现场的环境管理，防止污染和破坏环境；负责现场的安全监察工作；负责检查落实作业现场所需移动消防器材配置情况；及时解决挤顶清管器作业过程中出现的安全、消防、保卫等方面的问题。

（4）清管器跟踪组职责：负责在挤顶清管器期间跟踪清管器的行程，作好记录，发现异常状况及时汇报调度并报告领导小组。

（5）现场抢险组职责：在挤顶清管器作业中对管道沿线发生的突发情况进行紧急处理及事故抢修，如清管器卡阻等，输油设备发生故障时的抢修。

（6）后勤保障组职责：负责生产现场所需设备、材料供应；工作人员的生活、医疗等。

清管器被挤顶出站后应对其进行加密跟踪，杨旗跨越11#桩之前每2km一个监测点，过杨旗跨越后过每3km设置一个监测点，挤顶清管器每通过一个检测点时跟踪人员及时向曲子站和洪德小班调度报告，由小班调度收集后上报分公司调度。跟踪挤顶清管器分为4个跟踪小组。

第三节　中沧线阀门处清管器卡堵事件

一、项目执行情况

中沧线（中原油田—沧州化肥厂输气管道）是管道公司管理的主要输气管道。始建于1985年4月，1986年8月投入生产。管道全长362km，途经河南、山东和河北三省，共设12座阀室、10座阴极保护站、3座清管站、4座分输站，管径ϕ426mm×7mm，设计压力3.4MPa。恩城站—火把刘站管线长107km。

中沧线内检测项目由GE PII公司及其代理太原刚玉国际贸易有限公司负责实施。工作内容包括特殊清管、几何+IMU（CLM）检测和漏磁检测（MF4）。项目主要进展见表7-2。

表7-2　中沧线检测概况

项目	清管	标准几何	几何+IMU	MF4
恩城—高唐（17A）34.8km	发球15次，其中投送清管器12次	2011.07.28	2011.10.11	2011.08.22
高唐—莘县（17C）97.6km	发球21次，其中投送清管器18次	2011.08.04	2011.09.07	2011.09.09
莘县—濮阳（17E）71.2km	发球27次，其中投送清管器25次	—	2011.11.16	2012.08.13
恩城—火把刘（17B）106.1km	发球24次，其中投送清管器23次	2011.07.16	—	—
火把刘—沧州（17D）49km	发球19次，其中投送清管器16次	2011.07.23	第1次：2011.10.21 第2次：2011.12.08	—

二、事件经过

2011年7月16日恩城—高唐段运行PII的标准几何检测器，显示恩城出站35.9km处的阀门内径为375.70mm，根据阀门厂家提供的信息，阀腔内径为388mm。

2011年9月8日，运行PII在国内订购的验证清管器（由于之前PII的验证清管器在运行中钢刷脱落严重，PII 在国内重新订购了清管器，用于漏磁检测前的验证清管），清管器通过了前面的三个阀门，阀腔内径分别为 410mm，399mm，399mm（数据来源于几何检测结果），然后卡在了德州站的阀门下，位于恩城出站 35. 9km。被卡堵的清管器类型为双向六直板钢刷磁铁清管器+测径板（图 7-8）。

图 7-8　被卡堵的验证清管器

在确认卡球后，中原输油气分公司立即到现场检查阀门刻度，确认阀处在全开位置。采用提压的方式顶球，压力升至 1MPa，但是没有通过。之后各方协商先采取反推的方式将清管器推出阀腔，然后正向升压推清管器。负压达到 0. 8MPa 时把清管器吸出，逆行一段距离，紧接着正向增压到 1MPa，清管器在撞进阀门时产生巨大的声响，然后就停住了。现场反复操作以上流程两次，但是清管器最终没有通过阀门（图 7-9）。为避免清管器在割管前移动，现场人员将阀门关闭开度的 20%，将清管器锁定，便于日后的开挖换管工作。

图 7-9　卡堵清管器的阀门

2011 年 6 月 9 日，恩城—火把刘段运行了 PII 原先准备的验证清管器（该清管器是由 PII 从英国直接采购的国外的原装清管器），运行后钢刷大量脱落，为避免钢刷脱落对后续清管器或检测器运行产生影响，建议 PII 重新设计清管器。因此 PII 在天津绿清管道科技发展有限公司订购了新的验证清管器及配件。国内订购的验证清管器于 2011 年 9 月 5

日首先在高唐—莘县（17C）进行了运行。运行情况如下：

8：30 将清管器推入发球筒导流程发球，清管器缓慢地挪动且在阀门前的三通停留了 8min，现场人员通过操作阀门，使清管器逆向运行小段距离后导正常发球流程，于 8：45 将球发出，出站压力 2.1MPa，下午 13：46 收球，外形保持良好，皮碗钢刷轻微磨损。

2011 年 9 月 8 号，运行 17B 段的验证清管器，在清管器上加装了测径板。

清管器配件的组装顺序为：测径板+隔离板+密封盘+隔离板+密封盘+钢刷衬套+钢刷+钢刷压板+隔离板+导向盘+压板（图 7-10）。发球时不是很顺利，导流程后清管器在球筒内停留了很长时间也没有发出去，现场工作人员打开盲板重新进行了调整。关盲板提压重新发球，清管器于 9：49 发出，压力 2.4MPa。在第一个阀室监听时，球进入阀门时，停留约半分钟左右，快速的冲出去，确认球通过阀室后，跟踪组继续赶往下一个阀室监听，12：23 接到消息，清管器出现卡堵，管道内一度出现 5kg 的压差。现场组利用接收机确定球卡在德州站的一个阀门中，该位置以前也出现过卡球，进行改造后，将原来的手动阀换为电动阀。分公司马上采取行动，研究了几种解决方案，先是调整阀门，二是关闭上游阀门提高下游压力，使球逆向行驶一小段，三是增加上游压力正向推动球向前穿越阀门。但是都没有解决问题。

图 7-10　被卡堵的清管器

9 月 9 日，继续采取救援行动，调整上下游气压，使球逆向运行 1km 多，又正向运行，但还是没有冲过德州站阀门处，又一次卡在阀门下。

9 月 10 日，联系阀门厂家代表来德州一起解决问题，阀门厂家确认阀门阀腔为 388mm，并确认阀门处于全开位置。下午尝试憋压推球过阀门，压力增大 0.8MPa，可没有效果，之后组织检测方和阀门厂家代表一起研究下一步的解决方案。

9 月 19 日，各方代表来到德州站，采取关闭上游阀室，放空降低上游压力的办法，当压差达到 0.8MPa 时，10：48 时清管器逆向被吸出，然后导流程，使球正向前进，在德州站听球，球运动缓慢，一走一停，采取放空牵引，球进站后依然卡在阀门处，关闭放空，调节阀门，有一声响动，球又向前进了一个皮碗，之后压差一直增加，球没有冲出去。

在多次尝试扔未将验证清管器推过阀门后，认为只能采取切管的方式取出。为避免清管器在管道中失控，将阀门关闭20%左右，将清管器固定在阀腔。

三、验证清管器的尺寸规格

通过能力：最小弯头的曲率半径为1.5D，通过直管段的最大变形为20%。

清管器结构如图7-11所示。

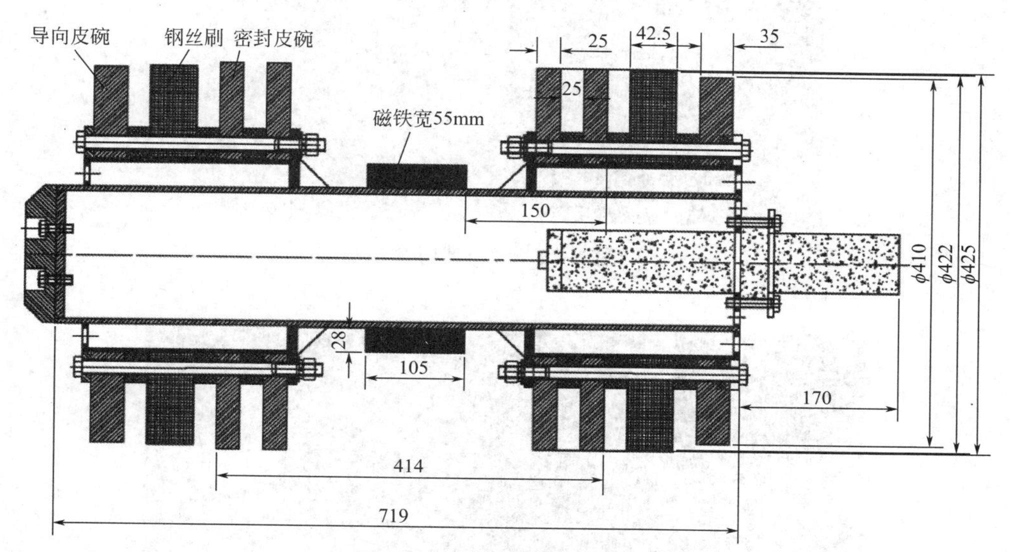

图7-11　验证清管器结构图

清管器皮碗结构如下：

（1）导向皮碗，材质为聚氨酯，邵氏硬度85~90A，外径为410mm；

（2）密封皮碗，材质为聚氨酯，邵氏硬度75~80A，外径为425mm；

（3）防撞头，材质为聚氨酯，外径为159mm；

（4）骨架法兰盘，外径为285mm；

（5）压盘，外径为300mm；

（6）清管器通过弯头最小曲率半径≥1.5D；

（7）可通过直管段最大变形量≤20%。

四、换阀取清管器

2012年6月，经过公司努力的协调，决定于2012年6月13日和14日，将德州站内阀门切割并进行更换，以取出被卡堵的清管器，为后续的检测创造条件。6月13日下午，中国石油管道公司生产处、安全处、管道完整性管理中心和中原输油气分公司等相关部门在德州站进行了动火准备会。6月14日整个切管取球过程，检测方和阀门厂家代表全程参与，共同分析原因并商讨下一步措施。切取的阀门及测量等过程如图7-12至图7-15所示。

图 7-12　阀门被切除

图 7-13　利用千斤顶将清管器反向顶出

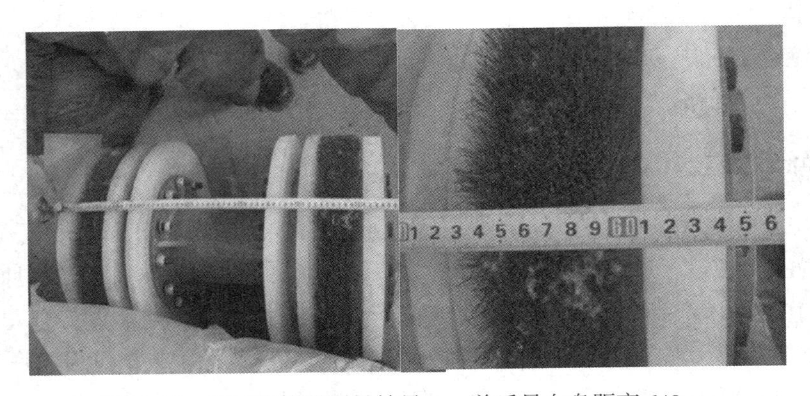

图 7-14　相同清管器测量结果——前后导向盘距离 640mm

图 7-15　现场测量阀门宽 525mm，两端变径段长 660mm

五、原因分析

清管器取出后，了解和测量得到以下信息：

（1）管道外径为 426mm，标称壁厚为 7mm，内径为 412mm，德州站阀门由四川成高阀门厂家生产，内径为 388mm。

（2）清管器导向盘外径 410mm（相对阀门过盈量 5.7%），密封盘外径 422mm（相对阀门过盈量 9%）；之前用于中沧线的 PII 验证清管器的密封盘外径为 433mm（相对阀门过盈量 11.1%），顺利通过恩城—高唐（17A），恩城—火把刘（17B）和火把刘—沧州（17D）。

（3）清管器前后导向盘之间距离为 640mm，阀门变径段长度为 660mm，当清管器完全进入变径段，由于受清管器变形能力限制，摩擦力太大，即使增压，也无法将其推出阀门。

根据以上信息分析清管器卡堵的直接原因为：

（1）中沧线为非标准管径（426mm），而阀门为 406mm（实际阀腔内径为 388mm）。

（2）PII 采购的清管器，尤其是支撑盘的柔韧性不足，变形能力较小，难以通过这类特殊阀门（406mm）。

（3）随着清管器的运行，钢刷里带有杂质，影响其柔韧性。

（4）清管器结构问题，密封盘和钢刷之间没有垫片，其他密封盘之间的间距也过小，皮碗的变形能力降低。

间接原因为：

（1）检测方采购清管器之后，未对清管器材料的性能做出充分的评估。

（2）本段进行过几何检测，没有根据检测结果合理的设计清管器结构，使清管器的实际通过能力远小于理论值。

（3）风险意识不够，新采购的清管器在之前的运行中已出现过异常现象，需要的驱动力比之前使用的清管器大，同时发生过在管道中短暂停留的现象，但这些未能引起重视，没有分析清管器在管道中运行可能存在的风险。

改进措施如下：

（1）加强对检测方的监管，在检测技术方案中对清管器和检测器运行进行风险识别，严格执行《内检测风险识别及应急处理作业规定》。

（2）清管器和检测器发送之前检测方应对清管器进行仔细检查，并填写清管器运行确认表，详细记录收发球过程，出现异常时及时分析原因，并给出在后续清管中的预防措施。

（3）检测方要加强变更管理，在清管方案中，必须补充皮碗质量测试结果，厂家必须提供质量证书。补充使用的清管器类型及通过能力。

（4）目前针对清管器的标准主要有《机械清管器技术条件》（Q/SY 1262—2010），《DN500—DN700 机械式清管器检修规程》（Q/SY GD0072—2002）等，其中仅对清管器的一些通用技术要求（如过盈量、皮碗性能等）作了规定，加强清管器技术研究，针对不同类型的管道提供相应的清管器选用原则，补充完善标准的实用性。

根据以前的清管和测径结果及此次的分析原因采购清管器，由于以前清管器未发生卡堵，计划清管器采购前几次的类型，然后根据清管器预计到达现场的时间并结合检测设备到达的时间排定下一步的清管和检测的计划。

第八章　清管器停滞处置案例

如果管道内壁有异物，将会造成清管器密封皮碗刮破或清管器皮碗磨损严重，油流就会绕过清管器，不能推动清管器前进，从而发生清管器停滞事件。这种事件在长距离的输气管道和输送成品油的管道上发生频率比较高，主要在于这类输送管道流速比较快，且还有铁锈、泥沙等杂质较多，加剧了密封皮碗与管道内壁的摩擦作用；原油管道一般站间距比较短、介质黏度比较大、流速相对来说比较慢，从而对减缓皮碗磨损起到一定的保护作用。

第一节　兰郑长三门峡附近清管器停滞事件

一、事件概述

1. 三门峡—郑州段管道概况

三门峡—郑州段，管径为660mm，长度为308.5km，设计压力为8~10MPa，输送0#柴油、90#汽油和93#汽油。

管道沿线共设3座工艺站场，依次分别为三门峡分输泵站、洛阳分输泵站、郑州分输泵站。设10座线路截断阀室：RTU阀室4座、单向阀室2座，手动阀室5座。

干线钢管采用L450MB材质的直缝埋弧焊钢管和螺旋缝埋弧焊钢管两种。外防腐全部采用三层PE。三门峡—郑州段管道经过大量的山区，管道起伏比较大，还经过大量的斜井。

2. 清管器运行记录

三门峡—郑州段从2014年5月8日8:20开始发送第一个泡沫清管器，截至目前为止已经从三门峡站发送清管器四轮次，郑州站接受清管器三轮次，分别为：

第一球：聚氨酯涂层泡沫清管器于5月8日8:20发出，排量850m³/h，压力4.47MPa，温度16℃；13日23:52进郑州站，排量850m³/h，压力4.27MPa，温度16℃。本次清管器运行112h，共清除铁锈、沙子共计30kg（图8-1）。

第二球：两支撑四皮碗清管器于5月19日14:25发出，排量580m³/h，压力3.98MPa，温度16℃；25日06:30进郑州站，排量640m³/h，压力5.2MPa，温度16℃。本次清管器运行136h，共清除铁锈、沙子共计70kg（图8-2）。

第三球：两支撑四直板测径清管器（测径板变形量为12.77%，图8-3）于6月13日16:20发出，排量586m³/h，压力4.32MPa，温度15.2℃；19日21:05进郑州站，排量

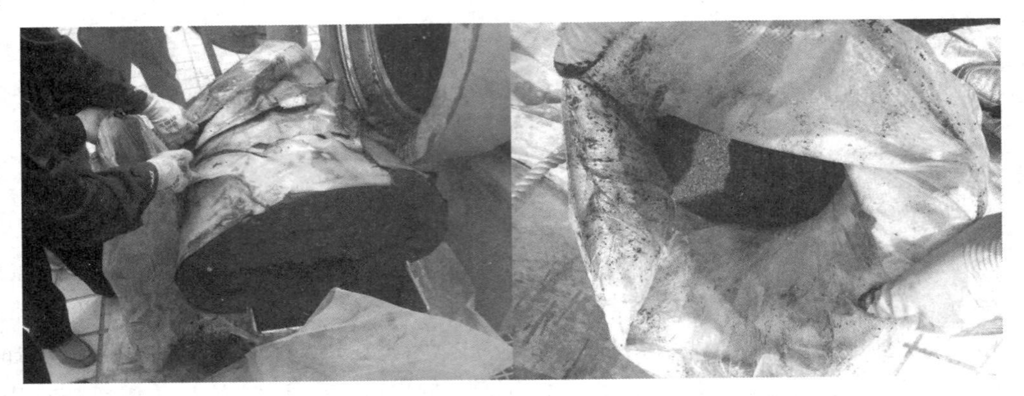

图 8-1　第一次清管郑州站取出的泡沫球及其杂质

图 8-2　第二次清管郑州站取出的清管器及其杂质

626m^3/h，压力 4.3MPa，温度 14℃。本次清管器运行时间 148.75h，共清除铁锈、沙子共计 70kg。

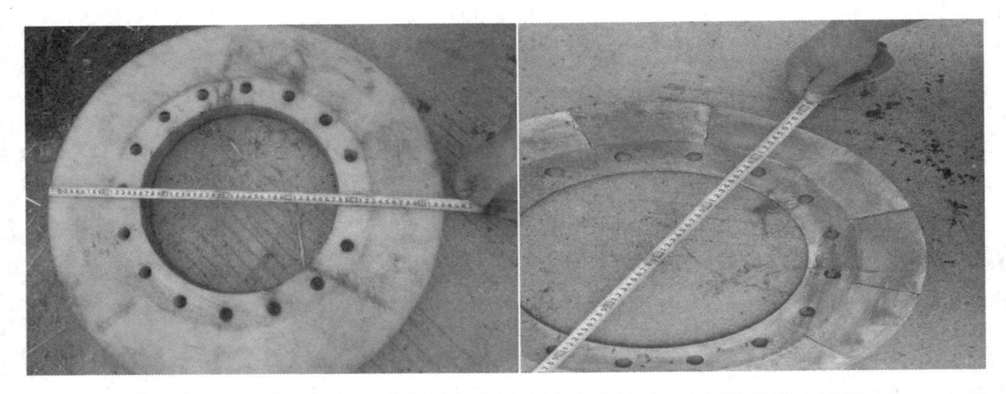

图 8-3　第三次清管郑州站取出的清管器密封板及测径板（支撑板最大损耗 17mm；密封直板最大损耗 44mm；测径板最小直径 560mm）

第四球：两支撑六直板清管器于 6 月 23 日 11：40 发出，排量 820m^3/h，压力

4.4MPa，温度15℃。7月17日8：55进郑州站，清管器推出杂质173kg（主要为粗砂），过滤器累计清理4次共清除160kg杂质。具体的时间节点如图8-4。

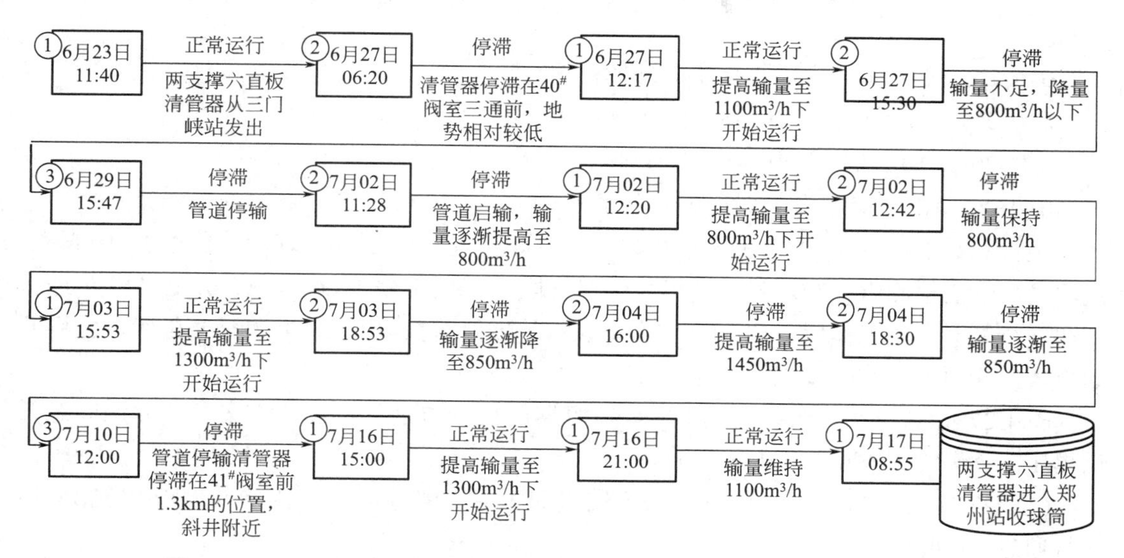

图8-4　第四个两支撑六直板清管器运行时间节点图

本报告分析的清管器间断性停滞为第四球，从6月27日6：20第一次清管器发生停滞后，和在7月16日正常运行前，第四个清管器期间运行了3次，共行走了约22.6km。其中，两次停留时间较长的位置分别位于40#阀室三通前（这次位置的判断主要根据清管器跟踪器和在该位置听到截流的声音）和41#阀室前1.3km处（这次位置的判断主要根据兰郑长（河南段）管道泄漏监测系统及清管器跟踪情况判断，清管器停留于40#阀室下游22.66km，距离41#阀室上游1.3km附近），这两个位置都位于相对较低的位置，并且两个区域附近都有斜井。

二、清管器运行过程

第四个两支撑六直板清管器于6月23日11：40从三门峡站发出，流量820m³/h，压力4.4MPa。

6月23日22：50，清管器通过32#阀室，预计到达33#阀室时间为24日11：00左右。

6月24日8：55，清管器通过33#阀室。

6月24日13：50，清管器通过34#阀室，预计通过35#阀室的时间为25日1：00左右。在通过34#阀室后，郑州分公司、沈阳龙昌管道检测中心和管道完整性管理中心协商，计划在清管器通过洛阳站（转球站）后继续从三门峡站发出第五个清管器，并将计划上报北调核算第五个清管器运行所需的输量，通过北调根据输量计算，本次输油计划不能满足第五个清管器发出后，顺利抵达郑州站的输量，因此取消第五次清管器发送计划。

6 月 24 日 23：35，清管器通过 35#阀室，预计通过 36#阀室的时间为 25 日 12：00 左右。

6 月 25 日 9：30，清管器通过 36#阀室。

6 月 25 日 22：15，清管器通过洛阳站，流量 830m^3/h。

6 月 26 日 10：35，清管器通过 37#阀室。

6 月 26 日 20：45，清管器通过 38#阀室。

预计 6 月 27 日 6：20 清管器通过 40#阀室，但直至 6：53 未发现清管器通过 40#阀室。沈阳龙昌管道检测中心和郑州分公司对疑似管段（连续里程 1106~1122km 范围内）进行了四遍清管器定位工作后，10：00 左右确认清管器停滞在 40#阀室上游三通位置。随后开始分析停滞原因，进一步确认停球位置。

6 月 27 日 11：30，向北调提出增大清管器前后压差进行推球的方案，经北调同意开始提压，逐渐增大输量为 1100m^3/h。

6 月 27 日 12：17，通过郑州咱工艺流程降压后，清管器前后压差增大至 0.7MPa 后自行通过 40#阀室。

6 月 27 日 15：45，管道完整性管理中心接到北调的通知，由于兰郑长输送工艺的变化，由咸阳—郑州输油变更为兰州—郑州输油，三门峡至郑州段输量由 1100m^3/h 变更为 450m^3/h。随即，管道完整性管理中心将这一消息发送至“兰郑长管道”微信群，告知郑州分公司和沈阳龙昌管道检测中心这一变化。

6 月 28 日 19：20，管道完整性管理中心与北调协商，争取提高输量。北调研究后决定，计划从咸阳站进油，于 29 日 12：00 将输量提至 800m^3/h。

6 月 29 日 10：05，管道完整性管理中心接到北调通知，由于工艺原因，当前咸阳站的油进不了兰郑长干线，兰郑长全线预计 30 日 07：00 前停输。同时北调表明将想办法协调进油，尽可能安排将清管器推出管道后再停输。同时，沈阳龙昌开始着手定位清管器的位置，郑州分公司继续跟踪压力变化。

6 月 29 日 15：47，兰郑长干线停输。

通过 SCADA 系统监测数据计算获知：清管器通过 40#阀室后维持 1100m^3/h 排量 3h 13min，后流量调整为 450m^3/h，清管器停止运行。根据监测波形计算清管器通过 40#阀室后运行了 10.32km。

6 月 27 日，清管器通过 40#阀室后管道排量与清管器运行状态情况，见表 8-1。

表 8-1　6 月 27 日 12：17 至 7 月 2 日管道排量与清管器运行状态

序号	时间段	平均排量，m^3/h	清管器运行状况	运行里程，km
1	27 日 12：17 至 27 日 15：30	1100	运行波形正常	10.32
2	27 日 15：30 至 27 日 17：18	500	无运行波形	0
3	27 日 17：18 至 28 日 04：00	450	无运行波形	0
4	28 日 04：00 至 28 日 15：25	550	无运行波形	0

续表

序号	时间段	平均排量，m^3/h	清管器运行状况	运行里程，km
5	28 日 15：25 至 28 日 17：08	800	无运行波形	0
6	28 日 17：08 至 29 日 08：00	550	无运行波形	0
7	29 日 08：00 至 29 日 10：00	680	无运行波形	0
8	29 日 10：00 至 29 日 12：00	750	无运行波形	0
9	29 日 12：00 至 29 日 15：47	450	无运行波形	0
10	29 日 15：47 至 7 月 2 日	停输	无运行波形	0

7 月 2 日 11：28，兰郑长管道启输，三门峡—郑州段瞬时流量为 $800m^3/h$。

根据管道泄漏监测系统波形判断，清管器于 12：20~12：42 时间段运行 22min，直至 7 月 3 日 15：30 管线工况维持在 $800m^3/h$，清管器仍旧没有移动迹象。7 月 2 日管道启输后排量与清管器运行状态见表 8-2。

表 8-2　7 月 2 日管道启输后排量与清管器运行状态

序号	时间段	平均排量，m^3/h	清管器运行状况	运行里程，km
1	2 日 11：28 至 2 日 12：20	260-800	无运行波形	0
2	2 日 12：20 至 2 日 12：42	800	运行正常	0.91

7 月 3 日，经过郑州分公司和沈阳龙昌管道检测协商后，提请北调增大输量推球，15：53三门峡—郑州段输量提至 $1300m^3/h$。7 月 3 日管道提量后排量与清管器运行状态见表 8-3。

表 8-3　7 月 3 日管道提量后排量与清管器运行状态

序号	时间段	平均排量，m^3/h	清管器运行状况	运行里程，km
1	3 日 15：53 至 3 日 18：53	1300	运行正常	11.43
2	3 日 18：53 至 10 日停输	850	无运行波形	0

清管器在输量到达 $1300m^3/h$ 时，管道泄漏监测系统开始出现清管器运行波形。运行 3h 后清管器停球。由于清管器跟踪信号发射连续工作超过 10d，通过现场跟踪组人员汇报判断信号发射机电量已经耗尽，因此只能通过管道压力泄漏系统进行推算清管器运行距离。通过管道排量与 SCADA 系统数据分析，初步确认清管器停滞在 41# 阀室上游 1.3km 左右。

7 月 4 日 16：00 左右，经北调与郑州分公司研究决定，尝试用大输量推球，三门峡启泵，输量提高至 $1400m^3/h$，运行 2.5h 左右，停滞的清管器仍然没有运动的迹象。随后恢复正常的输量进行输送。

7 月 16 日 10：52，确定启输具体安排，发布通知：兰郑长三门峡—郑州段今天 15：00 左右启输，按原计划 6h $1300m^3$ 的量。同时，龙昌和三门峡站正常报发球计划，如果 19：30 清管器没有动静，就开始到流程准备发救援球。请龙昌和郑州分公司做好准备。

7月16日12：30，三门峡站向北调提交发球计划。

7月16日15：00，三门峡至郑州段启输，排量为1250m^3/h，清管器开始运行。

7月16日15：50，三门峡站因上报计划缺少支撑材料，北调要求补充。将前期准备的救援方案作为附件，重新上报计划，并决定18：30~19：00之间把救援清管器发送出去。

7月16日16：34，清管器通过41#阀室。通过41#阀室的压力波形明显，现场确认通过，但是速度较慢，与目前排量对不上。

7月16日16：42，通过龙昌、郑州分公司和管道完整性管理中心协商决定第5个清管器按照原定计划发送，并提请北调协商。

7月16日17：15，跟郑州分公司确认郑州站是否进入收球流程，确认尚未进入收球流程（由于启输后收球筒过滤器堵塞严重，正在清理过滤器），清理完毕后郑州分公司请示北调进入收球流程。

7月16日19：50，清管器通过测试桩1160（通过41#阀室12km处）。

7月17日1：05，清管器通过42#阀室。

7月17日8：55，清管器进入郑州站。

7月17日10：00~11：30，郑州站导流程、放空、开盲板，收回两支撑六直板清管器。

三、清管器停滞分析

1. 清管器磨损分析

在7月17日两支撑六直板清管器收回以前，判断清管器可能因发生过度磨损，导致清管器在运行过程中泄流量过大，从而失去驱动力的可能性较大，主要判断可能有以下两个原因：

（1）该段清管区间全长308km，油品内杂质过多，可能造成清管器过度磨损。同时，清管器停止运行时，郑州站没有出现清管器卡堵应产生的压力差，收油量没有降低，从而可以判断清管器发生了泄流，也间接可以判定清管器过度磨损；

（2）清管器于40#阀室前停滞时，提量通过三通时造成清管器破损（图8-5），致使推动力对清管器的有效受力面面积减小，因此无法推动清管器自身与管道杂质的综合重量。根据清管器运行的排量与管道泄漏检测系统压力波动变化得知，清管器在通过40#阀室后只有在高于800m^3/h排量时，压力检测系统才会出现清管器运行波形，由此判断，清管器密封直板破损严重的可能性较大。

另外，基于2014年1月兰郑长咸阳—三门峡段（全长258km）第一次漏磁检测推出超过1000kg油砂，可以预测三门峡—郑州段管道内的杂质含量不会低于1000kg。并且在1月份咸阳—三门峡段漏磁检测器运行后发现，检测器支撑轮因推出的杂质过多，限制了支撑轮的转动，将支撑轮磨平（由圆形磨成四方形）。从而可以判断，当清管器前面堆积的杂质过多时，也会导致清管器驱动皮碗和直板磨损过量（图8-6）。

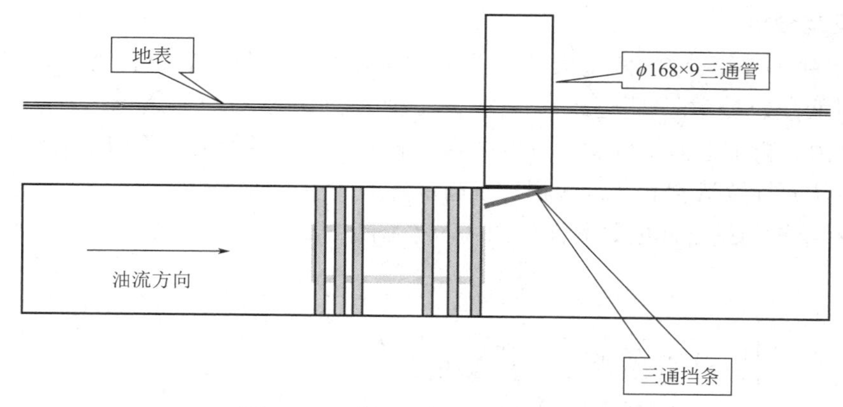

图 8-5　40#阀室前三通位置示意图

注：7 月 21 日 03：45 在郑州站接收了第五个两直板四皮碗的清管器，清管器外形完整，磨损量也在可接受的范围内，直板和皮碗上没有划痕

图 8-6　推出的泥沙和检测器里程轮被磨平

同时，三门峡—郑州段第三次运行了测径清管器，测径结果表明管道内没有较大的变形，不存在限制第四次发送的六直板清管器通过的卡堵点，据此也可以判断第四个清管是因为过度磨损导致停滞。

7 月 17 日收出清管器后验证了以上对于清管器磨损过量的分析，清管器前端堆积了大量油砂，并且清管器前端的直板也磨损过半（图 8-7、图 8-8）。

图 8-7　清管器前端堆积的油砂

图 8-8　清管器前端磨损严重

2. 高程差分析

40#阀室和41#阀室前的两次清管器停滞的位置基本都位于管道位置相对高的位置前面（即相对低洼处），并且附近还存在斜井。这些位置对于清管器运行，相对来说都需要更大的推动力，再加上清管器发生过度磨损从而泄流，这样推动清管器运行的驱动力就会大量损失，从而导致清管器在这些相对较高位置前发生停滞。

39#阀室至郑州站之间的纵断面如图8-9至图8-12所示。

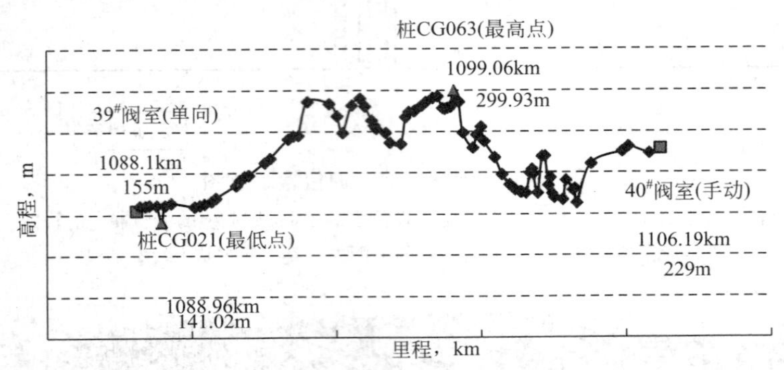

图8-9　39#～40#阀室纵断面图

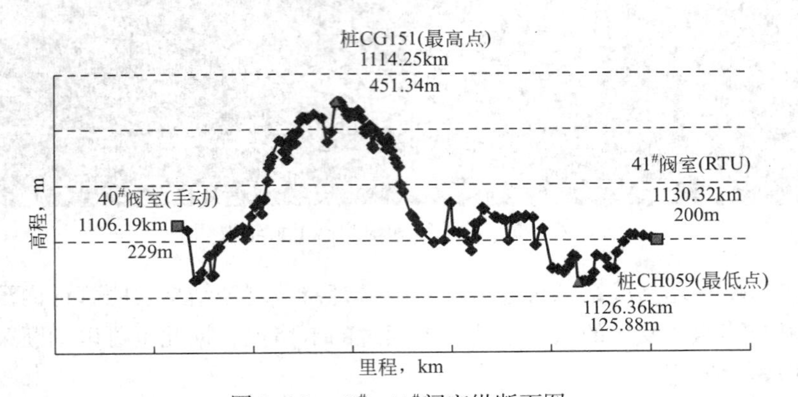

图8-10　40#～41#阀室纵断面图

（这两个阀室间有一个4号高点，是一个放空点，并且这一段存在多处斜井）

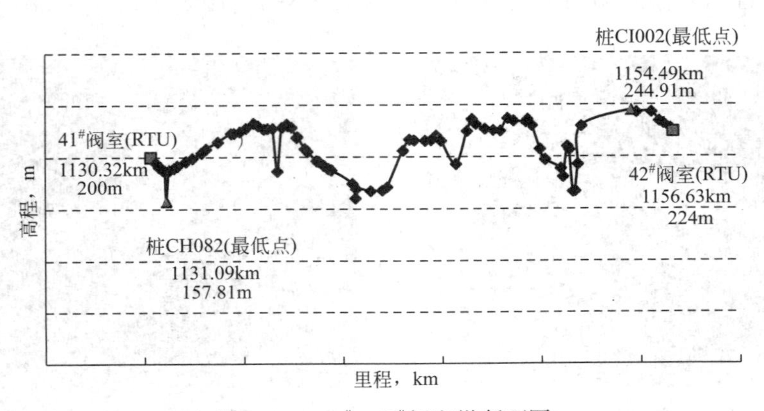

图8-11　41#～42#阀室纵断面图

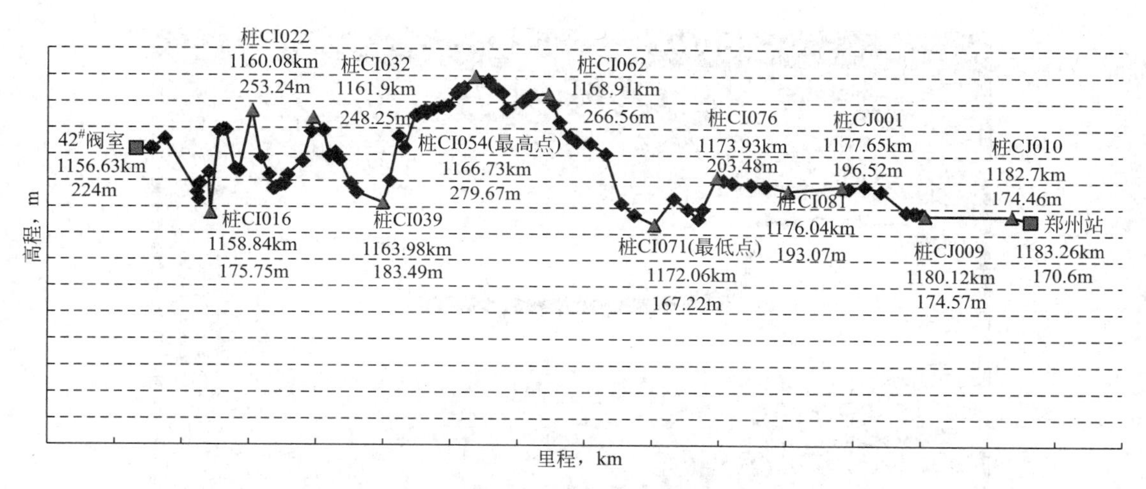

图 8-12　42#阀室至郑州站纵断面图

3. 压力监测系统分析

清管器运行过程中会造成压力波动，这个压力波动可以通过压力监测系统来进行监测。清管器发生停滞后压力监测系统的压力曲线变化如下：

6 月 27 日 6：44，清管器停滞在 40#阀室三通处，干线流量为 1060m^3/h（图 8-13）。

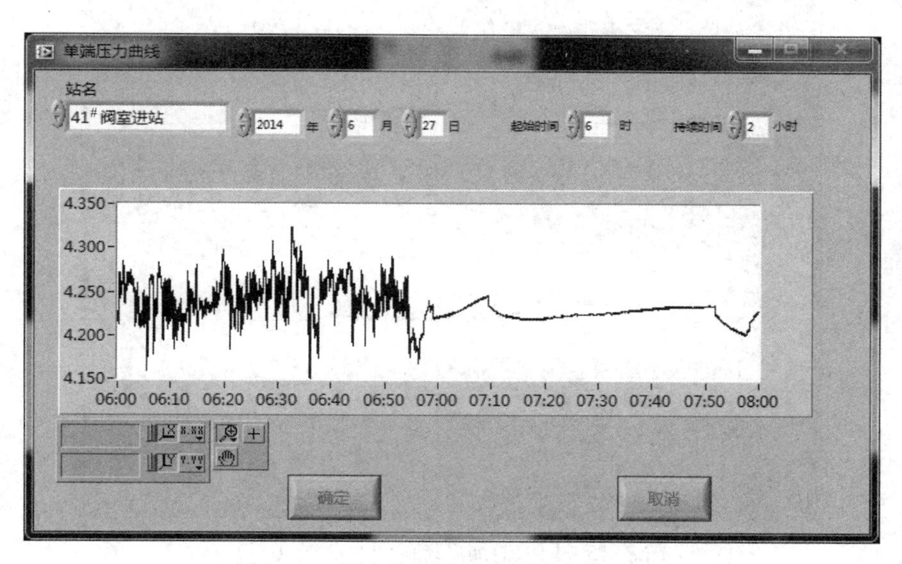

图 8-13　压力监测系统的压力曲线（一）

6 月 27 日 12：30，干线流量提至 1130m^3/h，清管器继续前行，15：30 管道切至兰郑段运行时，清管器停止前进，期间运行约 10km（图 8-14）。

7 月 3 日 16：00，管道由咸郑段切至兰郑段运行时，干线流量由 830m^3/h 提至 1300m^3/h，清管器运行至距 41#阀室前约 1km 处。而后通过三门峡启停泵机组、干线流量调节至最大时，清管器皆无法前进（图 8-15）。

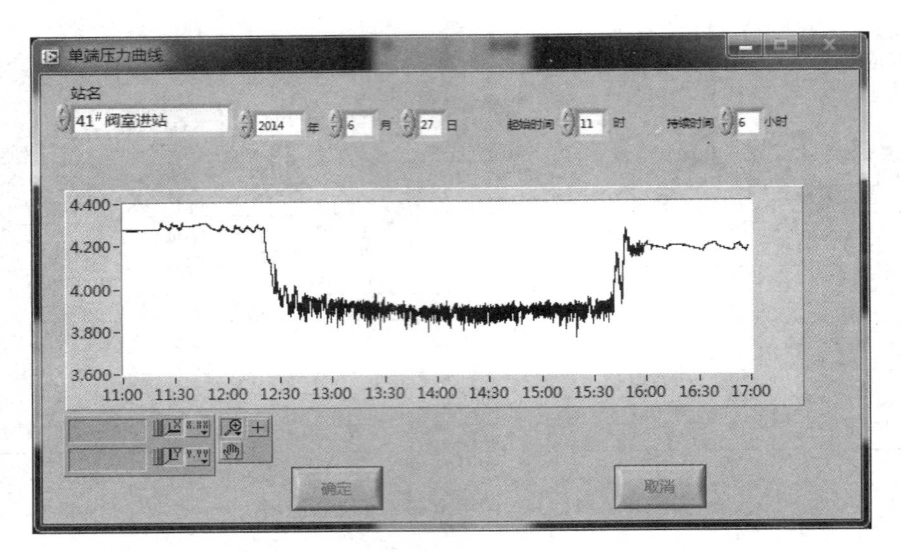

图 8-14　压力监测系统的压力曲线（二）

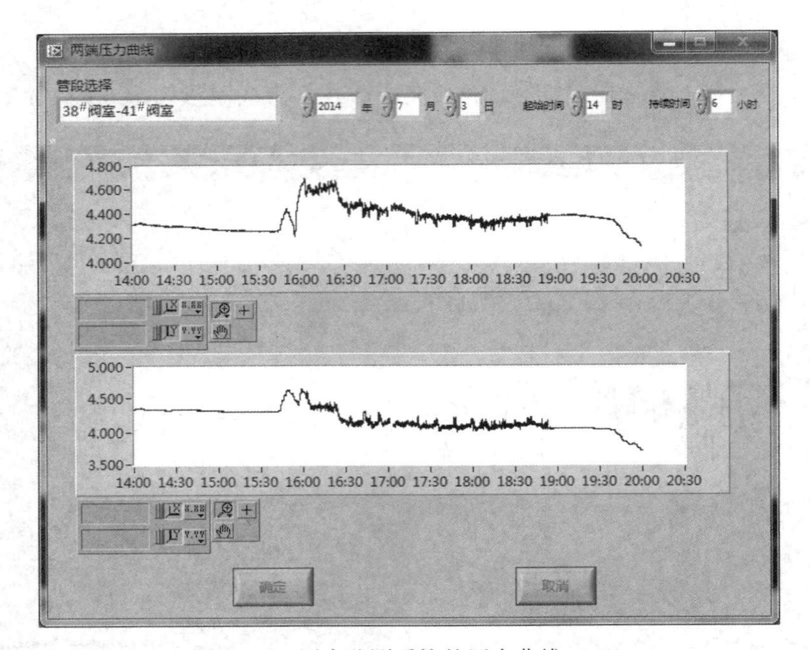

图 8-15　压力监测系统的压力曲线（三）

从7月5日、7日的压力曲线判断，清管器仍旧停留在40#阀室~41#阀室之间（图8-16、图 8-17）。

从 7 月 16 日 15：00 开始启输后的压力曲线变化可以判断清管器开始运行（图 8-18、图 8-19）。

从 7 月 17 日郑州站压力监测系统可以判断，在 8：55 的时候清管器进入郑州站收球筒（图 8-20、图 8-21、图 8-22）。

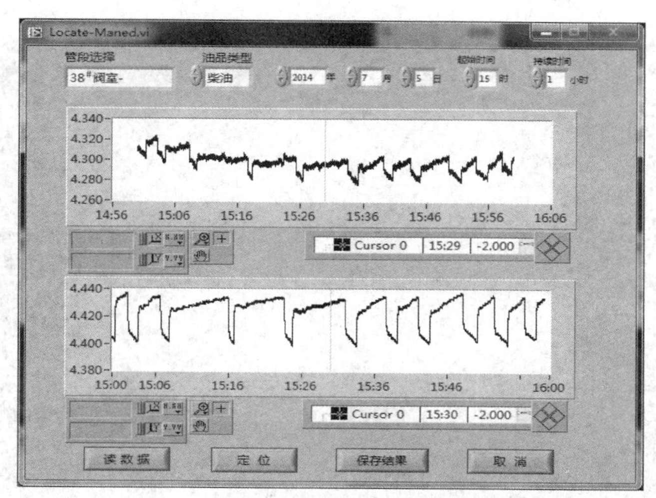

图 8-16　压力监测系统的压力曲线（四）

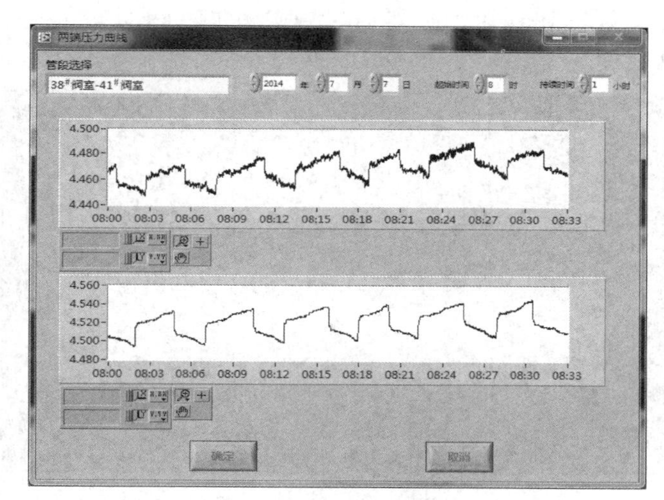

图 8-17　压力监测系统的压力曲线（五）

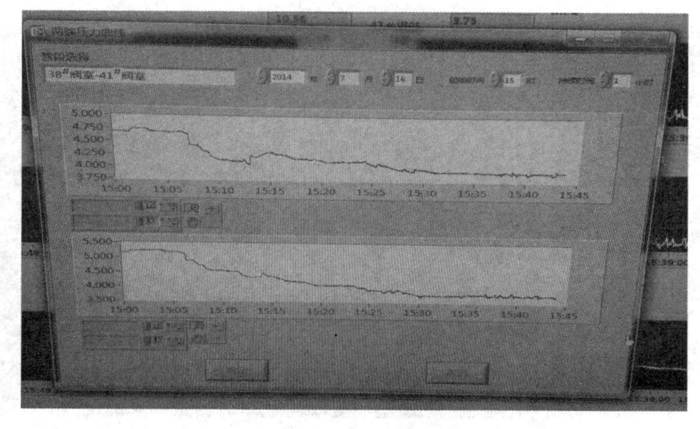

图 8-18　压力监测系统的压力曲线（六）

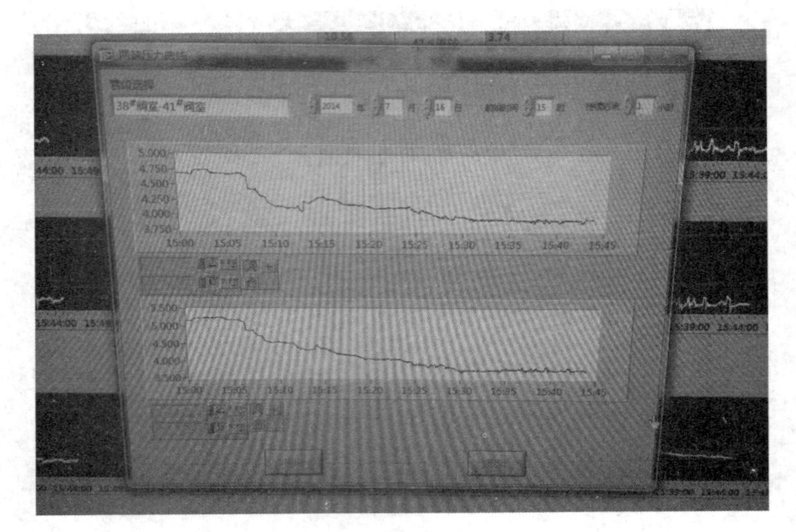

图 8-19 压力监测系统的压力曲线（七）

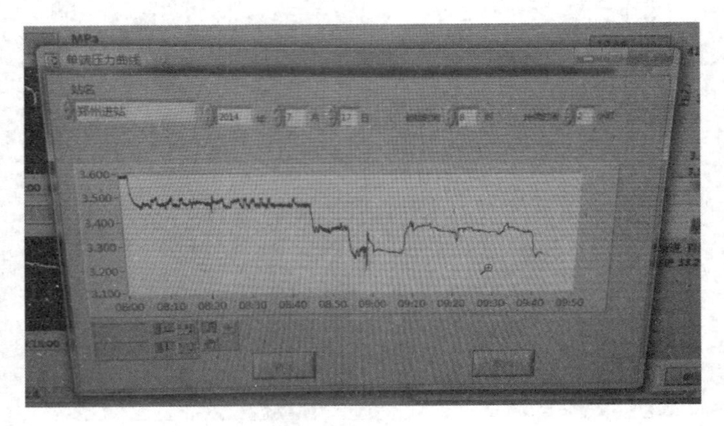

图 8-20 压力监测系统的压力曲线（八）

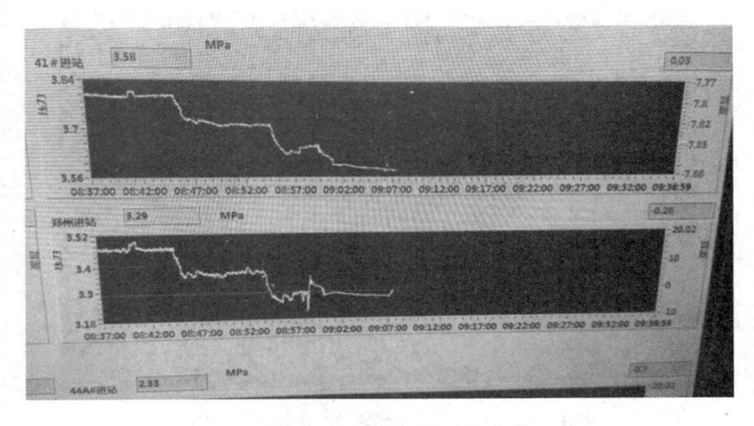

图 8-21 压力监测系统的压力曲线（九）

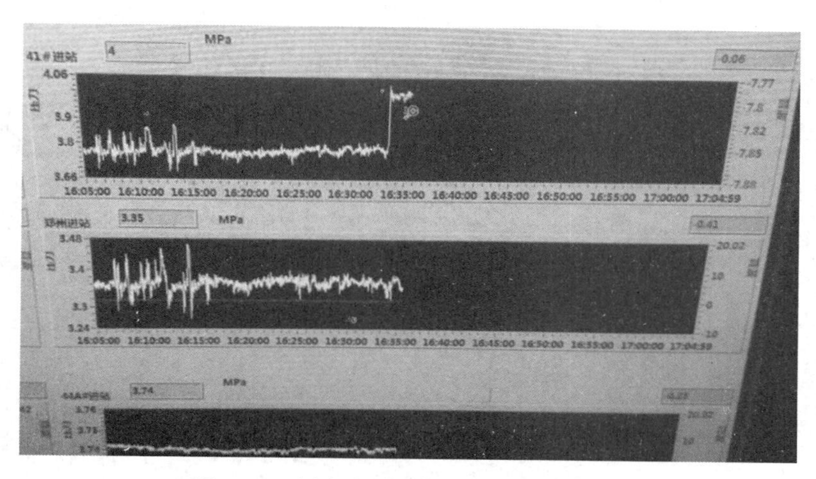

图 8-22　压力监测系统的压力曲线（十）

4. 郑州站进站油质分析

清管器运行后，郑州站过滤器发生了堵的情况，期间对过滤器清理多次（据现场人员说清理了 4 次，清出杂质 160kg）。郑州站还对进站油品进行了采样（图 8-23），发现油品浑浊度很高，含杂质较多（泥沙约占 1/10，未进行化验，仅进行了采样）。

5. 污物杂质分析

两支撑六直板清管器从郑州站收球筒收出后，清出了大量的油砂杂质，同时还清出了残留在管道内的焊条、铁片等杂质。

在清管器运行过程中，大量油砂堆积在清管器前端，导致清管器运行的摩擦力增大，同时也阻碍了清管器自身的旋转，加剧了清管器磨损的严重程度。另外，这些焊条、铁片等杂质也有可能刺穿或者划伤清管器的直板或皮碗（图 8-24）。

猜测兰郑长这个球的损坏，不应该是单纯磨损造成的，而是由于管道内某种锐利结构一次性切削造成的，这个证据要看下个球能不能把这个球损失掉的部分清出来，因为损失掉的部分没经过摩擦，如果它是整块的且切口清晰，就能证明球是受锐利物切削造成损坏的（注：7 月 21 日3：45在郑州站接收了第五个两直板四皮碗的清管器，清管器外形完整，磨损量也在可接受的范围内，直板和皮碗上没有划痕，除了推出 57kg 铁锈和油砂外，没有推出其他异物）。

图 8-23　随机采样

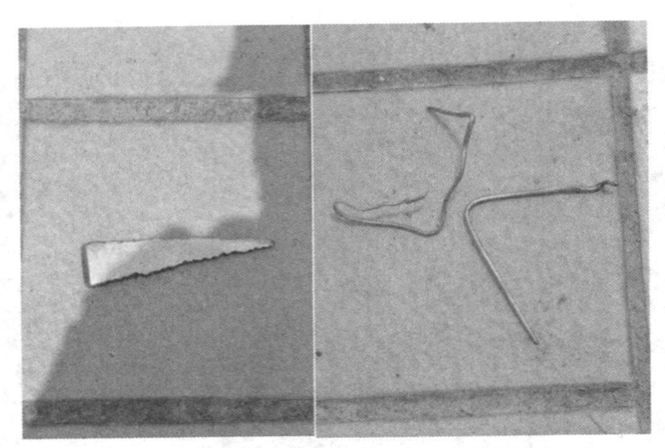

图 8-24　清管器推出的焊条、铁片等杂质

四、处置方案

在 7 月 16 日 15：00 三门峡至郑州启输以前，通过郑州输油气分公司、沈阳龙昌管道检测中心和管道完整性管理中心协商确定了以下两个清管器停滞处置方案，并形成了清管器救援方案。

1. 预处置方案一

结合上述分析，救援清管器应采用可装配跟踪器的机械清管器（图 8-25），同时考虑到 40# 阀室卡球的可能性，救援球采用两支撑四蝶皮碗的组装方式。最大限度减少救援球出现过度磨损现象的可能性。

图 8-25　救援清管器构造示意图

由于上一个清管器停滞状态，并没有影响到管道的正常输油工况，因此可以采用发送救援清管器的方式将停留与管道内的清管器推出。

2. 预处置方案二

根据咸阳—郑州段 7 月份输量计划，从 7 月 15 日开始将有一个柴油批次（油品代号 XZD）满足发球条件，可首先采取提高输量至 1300m^3/h 的方式尝试推动清管器，维持运行 6h，若清管器开始运行，则建议输量维持在 1100m^3/h，直至清管器抵达郑州站为止；若清管器仍然处于停滞状态，则将输量维持在 870m^3/h，并从三门峡站发送两支撑四蝶皮碗清管器来实施推球救援。

7 月 15 日后获得了咸阳—郑州段段输量计划，具备了发送清管器的输送条件。

3. 实际处置方案

实际处置方案以“预想处置方案二”为主，同时也启动了“预想处置方案一”。当启动“预想处置方案二”，输量提高到 1250m^3/h 的时候，停滞的清管器开始运行，保持 1250m^3/h 的流量运行 6h 后，输量维持在 1000m^3/h 左右。与此同时，考虑到停滞的清管器磨损严重，有可能在后续通过的斜井位置再次停滞，启动了“预想处置方案一”，在三门峡站发送了救援清管器。

在实际的处置方案中还做好了最糟糕情况的处置准备，即停滞的清管器在大输量的情况下仍然停滞，救援清管器抵达停滞清管器的位置时也无法推动停滞的清管器的时候，则计划实施切管取球动火作业。

五、建议措施

通过这次的清管器间歇性停滞来看，对于较长站间距（收发球站间距超过 200km）的成品油长输管道在清管和内检测过程中，存在很大因磨损过量清管器停滞或者清管器中电池电量不足无法跟踪定位清管器位置的风险。同时，对于生产运营来说也是一种隐患，较长站间距的管段因无法正常清管，大量油砂等杂质在管道低洼处沉积易导致管道发生内腐蚀，影响管道本质安全。

另外，从清管器运行的角度来说，也有许多可以改进的地方，提高清管器的耐磨性、改进清管器结构设计以及在清管器运行期间保持流量的持续性等。清管器的发送次序上也可以做一些优化，在发完测径清管器以后，继而发送磁铁钢刷清管器，将管道中残留的焊条、尖锐铁质类物体清出管道，防止这类异物损伤直板或皮碗。

本次两支撑六直板的停滞在某些方面来说也可以提高对较长站间距清管和内检测的认识，为后面更加科学、安全和高效清同类型管道提供技术支持。救援方案设计也比较科学，北京油气调控中心对本次清管器停滞处置提供了极大的支持，郑州输油气分公司和沈阳龙昌管道检测中心在停球处置方法得当，管道完整性管理中心在整个过程中的协调也起到了积极的作用。总之，这几方的通力协作成功处置了本次清管器停滞事件，并总结了经验，随后将对清管工作进行进一步优化和提升。

通过这次清管器停滞分析，为优化以后的内检测前清管和内检测作业，降低清管和检测的运行风险，对清管过程中涉及的各方提出了如下的建议措施：

1. 对清管承包商的建议

（1）增加皮碗和直板的耐磨性。

由于兰郑长管道内沉积或者输送油品夹带的油砂量较大，清管的时候会在清管器前端堆积大量的含油砂类的杂质，堆积过多时，就会影响清管器泄流孔冲刷的效果，从而容易导致清管器运行缓慢、增加皮碗和直板的摩擦等。当摩擦量过大时，清管器会发生偏心，导致一侧过度磨损，从皮碗和直板外边缘产生泄流，清管器将失去足够的驱动力，从而发生清管器停滞的现象。

当增加皮碗和直板的耐磨性后，可以有效提高皮碗和直板长距离运行后的密封效果和完整性，保证始终能够为清管器的运行提供足够的密封性能。如可以在皮碗上加装钢钉，增加耐磨性。

（2）采用改进型双节清管器。

采用双节清管器可以有效提高清管器获取足够驱动力而不至于磨损过量停滞运行的可靠性。在双节清管器中，当前一节或者后一节发生过量磨损时，能够保持还有一节提供驱动力。另外，可以增大泄流量，较少清出污物量。

同时，采用双节清管器还可以提高清管的效率，对于兰郑长管道输量受限的情况来说，具有更加重要的意义。

2. 对清管承包商和运营公司的建议

加强清管器运行期间双向沟通。

由于兰郑长管道除了站间距长之外，中间还有分输，且输量有限，因此不可避免会发生输量变化的情况。为了保证清管器跟踪效率，需要双发加强沟通，采用现场跟踪人员定位和站控室压力监测系统确认的方式来进一步确保跟踪到清管器真实运行情况（跟踪器也有可能受到外界信号的影响，产生清管器通过的假信号）。

另外，沈阳龙昌检测中心跟球人员要在每次汇报清管器位置的时候，询问站控室输量变化情况。同时，站控室在知晓输量发生变化的时候，也要及时反馈给跟球组的负责人。

3. 对调控中心和运营公司生产管理部门的建议

（1）清管期间避免停输。

输量平稳是保证清管器匀速运行的重要保证。清管器在匀速运行的条件下，地面跟踪人员可以更好地定位清管器的运行位置。同时，平稳的输量能够为清管器运行创造更好地克服障碍的动力。

在运行过程中尽量不要停输，停输后再启输，由于清管器在启动过程中与油砂等杂质摩擦会加剧。

（2）油品进入储罐沉淀后再从管道外输。

由于兰郑长管道自投产以来，从未进行过清管，油品含沙量较大，管道经过长期的运行沉积了大量的油砂。在清管过程中，会将管道内沉积的油砂推出来，起到清洁管道的作用。同时，通过清管还可以减缓管道内腐蚀。

但是，清管由于将大量的油砂推出来，油品质量会因含大量油砂类杂质而降低，对于销售来说，油品质量下降不可接受。因此建议在清管期间的油品都进入油罐沉淀后再往外进行输送。

与此同时，建议炼厂的油进入管道之前先在储罐内进行沉淀，兰郑长沿线站场有储罐的，油品都进入储罐沉淀后在外输，并重新考虑清理储罐的罐底杂质的频率。

4. 对运营公司主管部门的建议

（1）缩短收发球站间距。

站间距过长是导致清管器或者检测器严重磨损的重要因素。对于生产运行来说也是一种安全隐患，极易导致检测质量下降，对管道本体的缺陷识别能力下降等。应作为生产隐患提出来进行改造。

对于兰郑长管道（固关—咸阳段 232km、咸阳—三门峡段 258km、三门峡—郑州段 308km、郑州—信阳段 307km、信阳—武汉段 260km、武汉—长沙段 352km）收发球间距过长，给清管和检测带来了巨大的挑战，建议在各站间增加收发球筒装置，清管站间距不宜超过 200km。

（2）其他。

在发球的时候，发球阀缓慢开启，保障清管器的平稳行进，降低在发球期间对清管器造成损伤的可能性。

第二节　沧淄线 9# 阀室附近清管器停滞事件

一、管道概述

沧淄管道北起河北省沧州市，南至山东省淄博市，途径2省4市10县（区），沿线设分输站场9座，向盐山、庆云、乐陵、阳信、无棣、滨州、惠民、高青、商河、邹平、淄博、桓台、博兴13县（市）供气。2002年3月6日投产运行，长211.6km，设计压力4.0MPa，最大输气量可达$10.5\times10^8m^3/a$，管径ϕ508mm，壁厚6.4mm（首站出站17km管线、穿、跨越处壁厚7.1mm），首站出站17km管线、大中型河（渠）穿越采用三层PE加强级防腐，其余管线采用单层溶结环氧粉末防腐，全线采用强制电流为主、牺牲阳极为辅的阴极保护措施。

沧淄管道起始于河北省沧州市，沿线途经沧县、孟村县、盐山县、庆云县、阳信县、惠民县、高青县、桓台县，终止于山东省淄博市张店区，宏观走向为西北——东南的走向。管道沿线均为平原地区，地形平坦，高差起伏很小。全线大中型河流（渠）穿越14处，高速Ⅰ、Ⅱ级公路穿越13处，明渠跨越1处，全线设有9座截断阀室。

二、两次清管作业情况

1. 9月24日清管作业

2014年9月24日，沧淄线惠民—淄博段（总长96km）进行了内检测前清管作业。此次作业发送的清管器为四皮碗两支撑板的清管器。

9月24日，将淄博站压力提高到2.3MPa，惠民站压力2.48MPa。当日沧州站进气量$4.9\times10^4m^3/h$，沿线分输后，惠民过气量$3\times10^4m^3/h$，淄博北站进气$6.5\times10^4m^3/h$。8：30，清管器发出后，平均运行速度2~2.4m/s，清管器运行有短暂停球现象。穿越黄河时，有长时间停留。17：25，清管器到达9#阀室后，在上游三通处发生卡球。

卡球后，采取了正向推球不成功后，采取反向推球。21：16，当压差达到0.5MPa后，球反推回9#阀室上游。21：35，打开8#阀室截断阀，继续正常清管作业。25日0：25，清管器到达淄博站收球筒，平均球速3.5m/s，本次清管结束。

2. 10月17~18日清管作业

2014年10月17~18日，沧淄线惠民—淄博段（总长96km）进行了内检测前清管作业。此次作业发送的清管器为四直板两支撑板的清管器。

10月16日，按照清管控制要求，沧淄线整体开始升压，将淄博站压力提高到2.0MPa，惠民站压力2.2MPa。当日沧州站进气量$5.6\times10^4m^3/h$，沿线分输后，惠民过气量$4\times10^4m^3/h$，淄博北站进气$6.5\times10^4m^3/h$。

按照理论计量结果，清管控制速度1.5~2m/s。在到达7#阀室、高青站、9#阀室时，根据现场输气量，相应关闭停止或限制部分用户的供气。

10月17日7：58，清管器从惠民站发出。发出时，惠民站压力2.23MPa，高青站2.05MPa，过球管段流量（3.5～4）×$10^4m^3/h$。惠民站－7#阀室区间31.8km，用时4h34min，区间平均速度1.93m/s。本区间，清管器运行有短暂停球现象。

10月17日13：10，清管器通过穿越黄河段管道；14：29通过高青分输阀室；17：47，清管器通过9#阀室。清管器在次运行区段出现多次停球现象。本区间用时5h5min，区间平均速度为1.75m/s。

17：50，清管器停止运行，经检查，发现清管器卡停在9#阀室下游500m处。

现场发生卡球后，调度中心的调度人员降低下游压力，提高上游压力，增加推球差压。19：06惠民站压力为1.93MPa，高青站压力为1.77MPa，淄博站压力为0.77MPa。未能将球推离卡球点。征象推球失败后，21：20开始采取反向推球。22：55清管器反推回到9#阀室下游三通处，但未到三通位置。清管器再次卡住。淄博北站压力为2.28MPa，桓台和9#阀室压力为1.3MPa。

18日0点28分，开始再次调整上下游压力，尝试正向推球。因夜间压差建立困难，9#阀室压力为1.34MPa，淄博站压力为0.96MPa，无法将球正向推动。现场停止推球尝试，恢复并保证各用户正常供气。

7：30开始时，在用户用气早高峰、午高峰时，再次分别采取8#阀室截断建立差压、9#阀室截断建立差压等方法两次正向推球，无法推出。

16：00，再次采取下游升压，上游降压，进行反向推球尝试。17：07，当下游压力2.25MPa，9#阀室0.6MPa，清管器松动，被反向推出，卡球解堵成功。

17：30后，关闭8#阀室截断阀，开始憋压。当8#阀室压力为1.4MPa，淄博压力为0.9MPa，桓台压力为1.1MPa，打开8#阀室截断阀，继续正常清管作业。20：03，清管器到达淄博站收球筒，平均球速为4m/s，本次清管结束。

三、卡球原因分析

1. 9月24日清管作业卡球原因

卡球的主要原因是当时处于大雨天气，9#阀室前2km的监听点未检测到清管器通过，而9#阀室存在用户分输，未能及时关闭分输。当发现清管器没有运行时，球已经到达分输的上游三通处，造成清管器卡堵。

清管器在管道内出现短暂停球和通过黄河穿越时间过长的主要原因是上游来气量只有4×$10^4m^3/h$，而下游用气达到了10.4×$10^4m^3/h$，缺少的气量通过淄博北站补充，造成上下游压差较小，不能完全满足清管器匀速向前运行。

2. 10月17～18日清管作业卡球原因

卡球的主要原因是，清管器推动9月24日清管作业时掉落的清管信号发生器，运动到9#阀室下游500m处的弯头时，信号发生器卡入清管器，造成清管器的卡堵。多次采取正向、反向推球解堵措施后，直到压差达到1.65MPa后，将信号发生器崩断后，清管器得以解堵成功。

清管器在管道内出现短暂停球的主要原因是上游来气量少，下游用气量大，造成上下游压力较小，不能完全满足清管器匀速向前运行。

四、下一步清管作业分析及建议

（1）根据两次清管作业情况分析，按照内检测需要的条件（收球站压力不小于2.0MPa，球速1~5m/s）时，目前的气量条件（首站进气140×$10^4$$m^3$/d）和压力条件（沧州首站2.7MPa，惠民站2.4~2.5MPa，淄博站2.2~2.3MPa）进行控制，虽然理论计算球速达到了2m/s，但是会出现停球现象，无法保证清管器匀速运行；在作业过程中，经过一系列操作后，末站压力可能低于2.0MPa。同时考虑内检测器的重量和沧州—惠民内检测清管器运行情况，相同压力、流量条件下，实际球速（1.5~1.8m/s）只有普通清管器的球速（1.9~2.3m/s）的70%。因此无法满足内检测清管作业需求。

（2）当沧淄线淄博站压力为2.1MPa时，高青站为2.05MPa，惠民站压力为2.25MPa，沧州站为2.4~2.5MPa，沧淄线上游进气量约为（130~140）×$10^4$$m^3$/d，该气量进入沧淄线后，经沿线分输，供给惠民下游用户的气量只有（90~100）×$10^4$$m^3$/d，该条件无法满足内检测需要。

（3）调查近三年来沧淄线的运行工况，沧州站最高运行压力为2.8MPa，淄博站最高运行压力为2.5MPa。如果按最高运行压力调整工况，模拟测算结果如下。

沧州站压力为2.8MPa、惠民站为2.5MPa、高青站为2.4MPa，桓台为2.4MPa，淄博为2.5MPa。压力最低点在高青和桓台中间，清管器运行区间差压0.1~0.15MPa。该压力条件下，沧州进气量将减少到120×$10^4$$m^3$/d，供给惠民下游用户只有（80~85）×$10^4$$m^3$/d。普通清管器球速为1.5~1.9m/s。

从模拟计算结果看，清管器运行过程中，需要下游管道分级降压，最终淄博末站压力无法控制，可能将低到1.5MPa，不能满足内检测的要求。同时，在此条件下，无法保证清管器匀速运行。

（4）通过协调，调整沧州大化的用气量，增大沧淄线的供气量到（180~200）×$10^4$$m^3$/d，在此条件下，可供给惠民站下游用户用气量为（140~160）×$10^4$$m^3$/d。如果将工况调整到沧州站压力2.8MPa、惠民站2.5MPa、高青站2.4MPa，桓台2.4MPa，淄博2.5MPa，清管器的运行工况将有所改善，运行稳定性也会有所提高。但实际运行状况没有模拟，无法确定是否可疑满足检测器的运行要求。

基于上述的现状情况分析，建议公司主管部门对惠民—淄博段作业条件进行详细分析，是否检测器要求，再决定是够进行下一步清管作业。同时，提出清管控制条件，并通过公司销售处协调上下游气量，调整运行工况，进行模拟后，再确定是否进行内检测。同时，发球时间建议调整到夜间。从19：00至次日6：30，各用户用气量较少，有利于内检测器运行速度的控制。

第三节 冀宁联络线曲阜站内清管器滞留在曲阜站事件

一、事件概述

2013年6月23日上午9：25冀宁联络线（泰安—枣庄段）管道清管第一个两直四碟清管器在泰安分输站顺利发出，16：58到达26#阀室时，清管器运行正常，18：05到达曲阜分输站后，检测公司跟踪人员在站外监听长达半个小时始终未监听到清管器通过的信号，18：30检测公司站外监听人员负责人董林立即打电话询问中原输油气分公司值班调度是否排量、压力发生变化，18：50在得知排量未发生变化但压力发生变化，曲阜站与滕州站的压差很小时，初步判断由于压差的缘故，导致清管器运行缓慢。这时检测公司各个监听点的人员保持在原监听点监听，同时，董林与19：00汇报给中原输油气分公司调度室值班人员，提出增加曲阜站与滕州站的压差的建议。随即中原输油气分公司调度室值班人员将情况汇报给调度长，经过中原输油气分公司调度长与检测公司负责人董林确认情况后，20：00将情况上报给北京调控中心，北京调控中心对情况分析后，20：25下达泰安站启动压缩机组的指令，21：25泰安站完成压缩机组的启动，23：00曲阜站与滕州站的压差达到0.36MPa，这时检测公司跟踪人员在站外2、4、6km及下游阀室处监听人员仍然未监听到清管器，这时检测公司怀疑是否是由于皮碗磨损导致清管器运行缓慢，继续等待了大约半个小时后仍然未监听到，检测公司立即将站外6km处的监听点撤回到站外2km处，开始沿着管道向曲阜站进行找球。

在站外2km范围未找到清管器，24日2：30左右经与曲阜站联系后，检测公司人员进入曲阜站内进行找球，终于在1201#阀门和QS102三通之间找到清管器。

二、原因分析

（1）由于在预定的时间内站外始终未监听到清管器通过的信号，检测公司跟踪人员立即打电话询问中原输油气分公司调度是否排量、压力发生变化，在得知排量未发生变化但压力发生变化，曲阜站与滕州站的压差很小时，初步判断是由于压差的缘故，导致清管器运行缓慢。因此，检测公司各个监听点的人员保持在原监听点监听。

（2）由于各个分输点都有不同量的天然气下载，导致压力不稳，清管器的运行速度难以计算，从而致使清管器停滞期间预判失误。

（3）经对曲阜站站内工艺管网进行了解，当时1101#阀门及1201#阀门和1301#阀门都处于开启状态，当清管器通过1201#阀门进入QS102三通时，由于三通管壁较厚，当清管器通过需要更大的压差时，而恰在此时部分天然气通过QS101三通顺着1101#阀门分流出去了，最终导致清管器停滞在1201#阀门和QS102三通之间。

三、应对措施

（1）在18：05清管器到达曲阜分输站，半个小时后，由于在预定的时间内检测公司跟踪人员在站外始终未监听到清管器通过的信号，于是立即打电话询问中原输油气分公司调度排量、压力是否发生变化，在得知排量未发生变化但压力发生变化，曲阜站与滕州站的压差很小时，初步判断由于压差的缘故，导致清管器运行缓慢。因此，通过缩短监听间距、沿线排查，以及增加监听点来寻找球的位置。

（2）23：00 曲阜站与滕州站的压差达到 0.36MPa，检测公司跟踪人员在站外 2、4、6km 及下游阀室处监听人员仍然未监听到清管器通过的信号，这时检测公司怀疑是否是由于皮碗磨损导致清管器运行缓慢，继续等待了大约半个小时后仍然未监听到，检测公司立即将站外 6km 处的监听点撤回到站外 2km 处，开始沿着管道向曲阜站进行找球。

（3）在站外 2km 范围未找到清管器，经与曲阜分输站沟通，并经过北调同意后，关闭 1101#阀门，清管器顺利通过 1201#阀门；但到达 QS104 三通时，又出现停滞现象，经站场人员关闭 1304#阀门后，清管器顺利出站。

本次清管器发生运行异常的主要原因是在分输点未关闭分输处的阀门，致使压差过小，驱动力不足，从而产生停滞。针对上述原因，提出如下预控措施：

（1）在进行清管器和检测器运行期间，曲阜站应保持全越站流程；

（2）增加对三通位置的监控点，并加强沿线的排查；

（3）检测运行期间，调度方面发生的变更保持及时告知。

第九章　智能清管器发展现状

第一节　概　　述

管道内检测（ILI）就是利用“智能猪（Intelligent Pig，图 9-1）”或者“内检测工具”对管道进行排查，提供管道或者管道输送产品的基本信息。根据不同原理设计的内检测工具可以检测管道不同类型的异常或者特征的位置和尺寸。美国最早将管道内检测定义为管道在正常输送产品的状态下进行的在线检测。内检测工具通常用来收集管道本体或者输送介质的属性信息，然后基于收集的信息进行分析，从而确定管线的状态，分析工作由检测服务商的工程师和专业技术人员进行。

图 9-1　清管器（pig）漫画

真正意义上的内检测最早要追溯到 1965 年，那时候的 Tuboscope 公司引进了他们的“Linalog”金属损失检测工具。随后，T. D. Williamson 引进了针对几何变形测量的“Caliper pig”工具。当今，世界上已经创建了很多的内检测公司，拥有的检测器的类型也非常多，可以根据客户的需求提供不同类型的检测服务。

这些内检测服务商现在可以根据客户的需求和管道面临的问题，以问题为导向来开展有针对性的检测服务。有两种检测是非常普遍的：“金属损失”（包括腐蚀）和“几何”

测量（包括凹坑、变形）检测。

管道内检测还能提供一些其他的服务，主要包括：裂纹检测、中心线测绘或者几何形状检测、泄漏检测、弯曲测量、可视化检测、产品采样、蜡状物沉积测量以及穿跨越检测。

在某些情况下，上述的这些内检测工具可以组合起来使用，利用一次运行收集更多需要的数据，这种组合工具可以是两个之间的组合，也可以是三个，甚至更多的组合，这比运行单个的效益更好。

管道内检测工具是一个非常复杂的系统，大量的技术和研究人员经过了多年的研究和大量资金的投入才发展成为今天的内检测工具，关于内检测工具的详细信息现在仍然是行业机密。比较知名的几家内检测服务商，基本上都有自己的核心技术。另外，随着技术的快速发展，每一种工具的技术规格和性能都在不断地更新，因此，如果在管道上出现了某种新的检测需求，检测服务商会马上根据这些新的需求，研发新的检测工具，以适应市场。

下面列举一些比较著名的检测服务商的发展历程和服务内容。这些信息可以帮助管道运营商根据管道的特征选择合适的内检测工具和服务商。

第二节 金属损失检测

一、概述

20 世纪 40 年代尝试查找管道腐蚀的方式是利用清管器记录管道内的压力和温度的变化。这个原理就是通过压力增大，尤其是温度发生突变，常常能确定水滴出来的位置，因此这个位置发生腐蚀的可能性比较大。T. D. Williamson 是使用这种方法的先驱者，它建立了各种各样的原型清管器来记录管线的压力和温度。在 20 世纪 50 年代晚期和 60 年代初期，T. D. Williamson 在这方面开展了大量的实验。

早期主要的问题在于温度记录传感器的响应时间非常慢，并且当记录压力时清管器自身引起的差异影响也很大。现代的温度和压力传感器解决了早期的那些问题。Copipe 公司在温度采集清管器上做出了比较突出的贡献，其他一些清管器设备大多数都是把记录压力和温度作为一种附属的功能。产品采样清管器就是典型的将记录压力和温度作为附属功能的一种清管器。

金属损失和裂纹是管道行业最关心的管道缺陷，就仅仅针对金属损失的内检测工具研发的费用预估超过了 10 亿美元。

现在检测行业主要有三种技术用来检测金属损失：漏磁、超声和涡流检测技术。

二、检测技术原理

1. 漏磁检测（MFL）技术

漏磁检测的原理是通过马鞍形的磁铁产生高磁通量通过管壁形成一个完整的磁回路，在管壁上有金属损失或者有金属异物接近管壁也或者管壁材质发生变化的情况下都会使磁

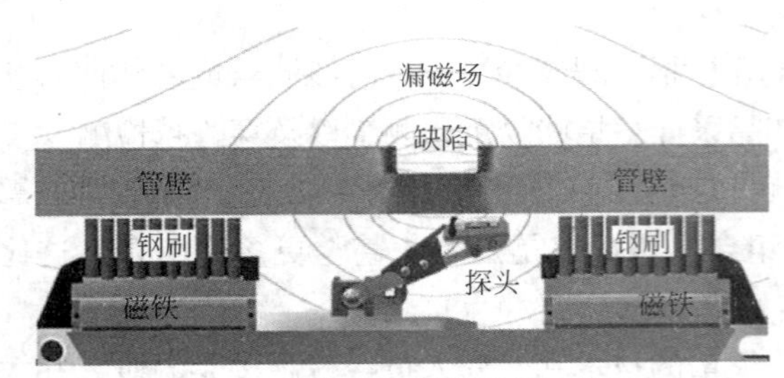

图 9-2　漏磁内检测原理示意图

力线发生扭曲，尤其是当存在划伤、腐蚀和制造缺陷等金属损失的区域没有足够的通道容纳磁力线通过时，导致磁力线泄漏，在管壁上的磁通量会随着发生变化，传感器会接收到磁通量的变化，从而记录探测到的特征（图 9-2）。

漏磁检测工具有两排圆环形的磁铁，磁铁的两头是两个相反的磁极，引导磁力线流入管壁。磁铁实质上就是用来磁化管壁（图 9-3）。一般需要使管壁达到磁饱和的状态，以便获取更好的检测数据。传感器一般都布置在两排环形的磁铁中间，用来探测由于管壁厚度变化或者金属损失引起的磁通量变化。

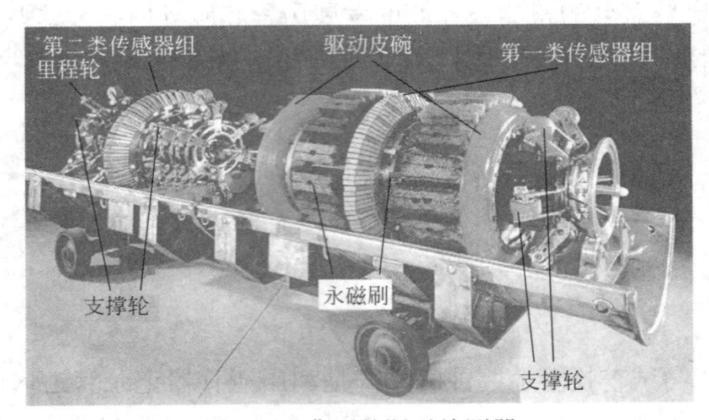

图 9-3　典型的漏磁检测器

前面也提到了管壁需要达到磁饱和的状态，这是非常重要的。只有管壁达到了磁饱和，才更容易在有金属损失的地方发生磁力线泄漏。这就需要非常强力的磁铁，并且与管壁保持良好的接触。在厚壁管上这个问题比较突出，没有足够强的磁铁，不能使管壁达到磁饱和的状态，从而导致无法获取高精度的检测数据，在小口径的检测工具上也存在类似的问题。漏磁检测工具能检测的最大壁厚随着管径和运行速度的变化会有所不同，但是标准的漏磁检测工具检测的壁厚一般在 25mm 左右。不过，近期的技术发展在这方面也取得了比较显著的成果，一些最新的工具能检测壁厚达 35mm 的大口径管道。

磁场是一个矢量场，像云状一样随着工具运动，并随着工具移动磁场逐渐变弱。这种性质限制了检测工具运行的最大速度，一般漏磁检测器的运行速度不大于 4m/s。对于厚管壁，检测工具运行的速度需要适当地降低，以便检测工具上的强磁铁有足够的时间来使管壁达到磁饱和的状态，因此有很多工具设置有速度控制系统。

早期的漏磁检测工具发展受到很多因素的制约，尤其是找不到合适的强磁铁。Tuboscope 为了解决这个问题，安装了电磁铁（Tuboscope 也是第一家引入商业内检测工具的公司）。电磁铁能够随着壁厚和速度的变化来调整磁场的强度。绝大多数的漏磁检测工具以前都是采用永磁铁，电磁铁的应用使得永磁铁的使用发生了重大的改变。

英国燃气（也就是现在的PII Pipeline Solutions）在磁铁材料方面的改进为漏磁内检测工具的发展做出了非常显著的贡献，装配这种新磁铁的漏磁检测工具也被称为“第二代”内检测工具。如钕—铁—硼材料的磁铁比20世纪70年代开始使用的无碳铝镍钴磁铁的磁化强度高数十倍。采用钢刷让磁铁与管壁保持更好的接触和更稳定的磁化，也是对漏磁检测工具发展的重大贡献。

大部分的漏磁检测工具的传感器采用“霍尔效应”原理，当传感器接收到任何泄漏的磁场都会产生一个小的电信号。在早期的内检测工具中，传感器安装在一些大且重的锤子型机械臂上，这使得传感器在环向上与管道接触有一定的空隙。传感器与管壁之间的这种空隙也导致了传感器与管壁接触不良，尤其在存在几何变形的情况下，一定程度上降低了检测的精度。这种现象在检测环焊缝和弯头区域时也十分明显。

有一种新的机械设计对新工具的飞速发展起到了非常关键的作用。这种新型设计从理论上来讲，传感器更小、更轻便，被阻碍后受到损坏的可能性更小。同样重要的是，它们能够确保在受到阻碍的时候仍然与管壁保持紧密接触，并且通过阻碍后还能够快速恢复接触。这种变革，也使得装配在环上的传感器探测焊缝处的金属损失的能力进一步增强。

新工具上的另一种变革就是在工具的尾端装配了次级传感器，用来区分探测的金属损失是内表面的还是外表面的。首先由主传感器探测所有的金属损失，然后次级传感器探测任何剩余的磁通量损失（剩余的磁通量损失只能由内部金属损失引起）。基于这个原则，可以理解有些工具实际上能够测量壁厚，但是如何实现仍然是个秘密。

曾经英国燃气Pipeline Integrity International（PII）用“等同于每六秒读一本圣经”来描述检测器采集数据的速度快。对于现今来说，这种速度还是太慢了。近年电子行业的发展，受到个人计算机和数码相机需求的驱动，处理速度的增长每年超过40%，并且数据存储能力的发展更快。即使现在内检测工具的处理器能够处理大量的数据，但是在运行后仍然有大量的分析工作需要做，这也会耗费较长的时间。

内检测最基本的需求就是识别缺陷的类型、尺寸量化、定位，这涉及大数据量的运算和分析处理。传感器接收到的每一个信号都具有独特的属性，必须识别出特殊的特征，确定金属损失特征。这种分析也涉及记录信号的对比，也就是检测出来的信号与已知的缺陷信号对比。这就是最终报告需要花费数周的时间才能准备好的原因。

这份报告是非常重要的，必须提供给客户可理解和可用格式，最近发展的常用的提交方式是用CD、U盘或者移动硬盘储存数据，客户在个人电脑上就能打开数据，并进行查看。报告最开始应用的就是根据提供的缺陷尺寸来确定最大允许运行压力（MAOP）。这种计算方法通常基于ANSI/ASME B. 31-G。当然，随着更多经验和知识的积累，详细的“工程适用性评价”能够有效降低需要修复的缺陷数量。

随着检测公司之间的竞争力越来越大，对于运营公司来说也越来越难选择合适的检测服务商。很不幸的是，像“第二代”、“高级的”和“高分辨率”这些概念至今没有一个明确的定义。这也导致了所有的检测服务商都声称他们的工具是“高分辨率”，甚至在使用老设备的时候。

如果没有采用轻便的传感器，或者是如果没有使用电磁铁或者稀土的永磁铁，那么检测服务商声称是“第二代”工具是值得怀疑的。实际上，工具是不是高分辨率主要依赖于所报告的缺陷的尺寸。如果缺陷的尺寸足够大，那么任何工具都可以声称是高分辨率的。最好忽略所有这样描述的行话。选择合适的检测服务商唯一的方式是根据自身的需求，清晰定义最小缺陷类型和尺寸，并且包含在合同中。不管检测服务商能够提供什么水平的报告，声称他们的工具性能如何，都应该包括在投标清单中。

2. 超声检测（UT）技术

超声检测的工作原理可能大家都比较熟悉，尤其是超声测厚检测的工作原理，即通过超声回波来测量管道的剩余壁厚。超声测厚检测器结构如图 9-4 所示。在超声测厚检测器一个传播时间测量周期内，首先测量出提离值（*SO*），然后测量出壁厚（*WT*）。提离值（*SO*）表示传感器与管壁内表面入射回波之间的距离（图 9-5）。壁厚（*WT*）值表示前壁回波和后壁回波之间的距离。

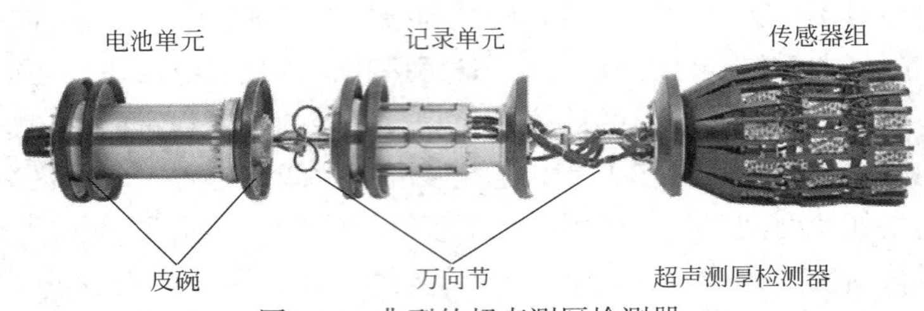

图 9-4　典型的超声测厚检测器

通常传感器按照已知的速度发射一个超声脉冲信号。在传感器与管壁之间的距离一般称为“提离”距离。当超声脉冲进入管壁（内壁）时会有一个回声，另一个回声则是管道外壁反射回来的。在管壁之间回声传回来的时间差是一个可获取的直接读数（图 9-6）。

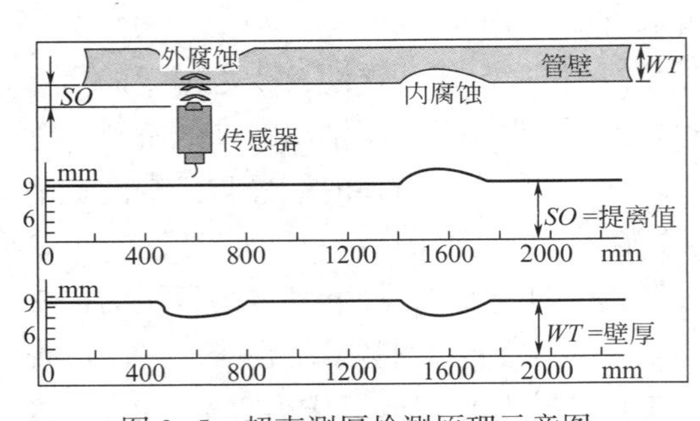

图 9-5　超声测厚检测原理示意图

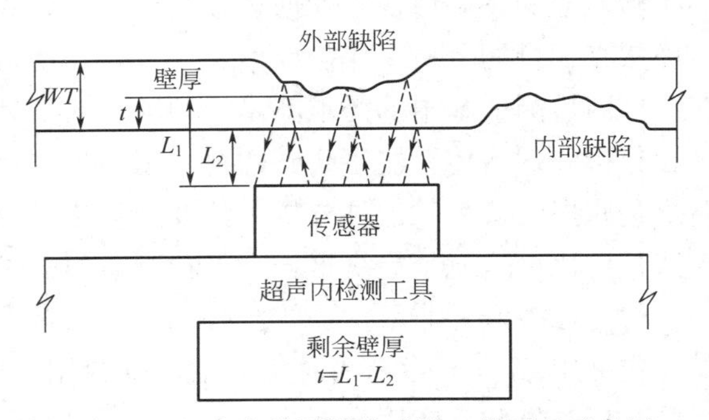

图 9-6　超声内检测器传感器工作原理示意图

WT—管道壁厚，mm；*t*—剩余壁厚，mm；L_1—传感器到缺陷反射面的距离，mm；L_2—传感器到内壁反射面的距离，mm

与漏磁检测工具有最大的允许壁厚限制不同，超声检测工具有最小允许壁厚的限制。超声工具能够检测的最小壁厚将根据不同的工具或者环境的变化而变化，一般来说壁厚不能小于 5mm。

传感器在给定的检测器运行速度（通常这个速度为 1m/s）下，发射预定模式的超声波能够100%的覆盖管壁。任何其他给定的速度都有可能降低超声波覆盖率。现在也有一些开展发射率与检测器运行速度自动关联的研究。

尽管超声的原理非常简单，但是仍然有一些不足。首先，不能直接用来检测气体管道，超声只能通过耦合的液体才能传播。这里说的耦合其实就是液体的意思，在后面提到的耦合都等同于液体，耦合中的起泡和凝固态的蜡都会影响检测数据质量。

对于超声内检测工具的设计者来说，还有一点非常重要的是必须保持传感器与管壁垂直，如果存在角度的偏差就会错过信号的接收。在通过弯头和凹坑，以及类似特征的时候，由于传感器不能与管壁垂直，会导致接收的信号受到一定程度的影响。

另一个可能存在的潜在问题就是：通常超声内检测工具就只能接收第一次和第二次返回的信号。传感器发射的脉冲呈圆锥状，因此如果存在一个较小的点蚀，那么就有可能在外壁返回信号以前，有两个（或者更多）内表面返回的信号（第一个信号来自内表面，第二个信号来自点蚀）。这种情况有可能被解释成分别为内表面和外表面返回的信号，由此计算出了“壁厚”等于点蚀的深度。误解释通常也被称为“假信号”。

持续的技术革新和发展也意味着前面所提到的这些问题会部分甚至全部解决。值得注意的是，提离是一个非常重要的因素。如果传感器能够紧贴管壁，那么耦合剂的问题就迎刃而解了。这也就能减少由于弯头等传感器角度问题带来的对返回信号的影响。同时也会减少圆锥形超声的有效直径，且最小化像点蚀这样的金属损失带来的假信号的风险。传感器自身的发展也克服了早期的许多问题。

就如漏磁检测工具一样，机械工业技术发展对于超声检测工具的改进起到了非常重要的作用。PII 的 UltraScan 工具就是一个很好的例子。

尽管工具内部构造仍然是个行业机密，但在尾端的传感器阵列是非常显著的特征。传感器都镶嵌在聚亚氨酯的“笼子”里，实际上也是拖挂在检测器的后面。当检测器在通过弯头或者变径的位置，这笼子的收缩使得传感器维持贴近、并与管壁保持固定的距离。这种设计也使得超声工具可以检测双管径的管道。尽管如此，那些有较大提离的工具更能适应在双向运行的地方使用，例如海上的输气管线。

举个例子来说，那些壁厚非常厚的输气管线不能采用漏磁来检测，有时候可以采用超声来检测，这个时候超声检测工具需要运行在被封住的一段液体柱中间。这种运行操作起来非常困难，尤其是速度控制方面，另外再加上封装一段液体柱就更加困难。

在过去 20 年里，研究采用 EMAT（电磁超声传感）技术检测气体管道取得了长足的发展，但是成功应用在管道中检测也是 2012 年左右开始的。

3. 涡流（EC）检测技术

在几何检测工具上涡流技术已经使用了很多年，不过现在采用涡流来检测金属损失。这项技术原理简单，应用在内检测工具上使得工具实现了轻便和体积小。因此，在海洋管道、炼厂和工业管道等这种复杂和小管道的检测上非常实用。

涡流就是变化的磁场进入管壁所产生的电流。在管道中材料物理性能或者几何形状变化的时候都会引起这种涡流发生变化（图 9-7）。涡流渗透的深度是由磁场变化的频率决定的，但是要达到渗透整个管壁的频率就需要频率非常低，通常检测器很难实现在运行中保持穿透整个管壁的较低的频率。通常频率越高，趋肤效应就越明显，也就是涡流渗透的深度越小，因此工业上常常采用较高的频率来检测表面的缺陷（如内腐蚀）。

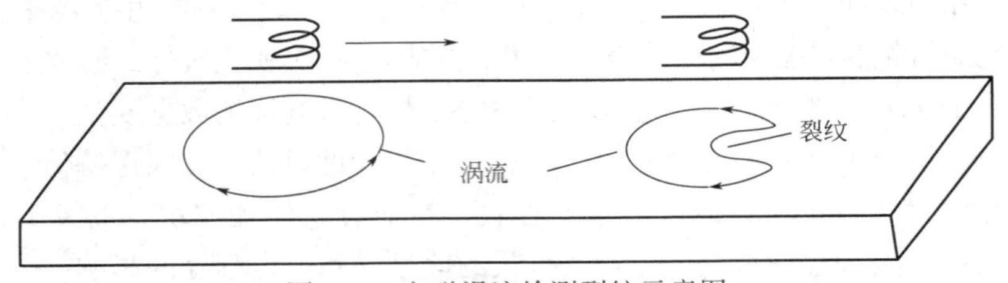

图 9-7　电磁涡流检测裂纹示意图

三、典型的“MFL 工具”服务商

正如前面所说的那样，每一种工具的技术规格和检测能力都在不断发展，因此在这一部分只是简要地介绍各家检测工具的情况。这些提到的服务的范围、详细的技术规格等都可以通过相应服务商的官网进行更加详细的查询和更深入的了解。

1. Linalog（Tuboscope Vetco 管道技术服务公司）

Tuboscope 在 1965 年最先引入了商业的智能检测器（图 9-8）。与其他的竞争者不同，Tuboscope 使用电磁铁而不是永磁铁来产生磁场磁化管壁。但是，各家都在根据自己的常规技术进行改进和发展，不断挖掘自己的技术优势。Tuboscope 也是第一家能够提供 4in（129mm）漏磁检测工具的公司。

图 9-8　Tuboscope 早期的漏磁检测工具

Tuboscope 公司现在拥有能够检测管道口径的“高分辨率”工具非常多，有些工具装备了新的阵列传感器，使用涡流来确定是内部金属损失还是外部金属损失。Tuboscope 公司还推出新的软件“Linalog Plus”，这款软件能够解析新的和标准的工具的数据，为客户提供更好的报告。

1996 年，Tuboscope 与 Vetco 管道技术服务公司合并，组成了 Tuboscope Vetco 管道技术服务公司。

2. MagneScan（PII 管道技术服务公司）

有些工具可以追溯到 30 年以前的 TransCanada 管道上使用的漏磁智能检测器。第一代“MagneScan”工具是 Pipetronix GmbH 公司在 1977 年正式推出的（图 9-9）。它比随后的“高分辨率”工具更加坚实，且尺寸比较大，就是一个单独的单元而不是像随后的检测器通常都是多个模块组成。

在 20 世纪 60 年代早期，“英国燃气”（管道）公司告知了清管行业他们在内检测工

图 9-9 PII 早期的漏磁检测器

具的市场需求。清管行业里得出的一致意见是内检测工具做起来不可行。英国燃气公司感觉到这样的内检测工具是非常必要的，因此他们花费了大量的投资开展一项研究工作来实现他们目标。由此创建了英国燃气在线检测中心，研究了现在比较有名的“第二代”检测器。

图 9-10 早期的漏磁检测器收发作业现场

随着英国燃气（BG）的私有化，在线检测中心从 BG 剥离，变成了独立的管道完整性解决方案公司（PII），成为 BG 旗下独立的一家分公司。

随后，PII 收购了很多小公司，同时自身的所有权也发生了变更。最终，Pipetronix 也成为 PII 集团的一部分，而 PII 自身现在也成为了通用电气集团（GE）的一部分。

PII 和 Pipetronix 的技术专家和发明家联合研发了现在比较先进的多口径工具，现在市场上一般称为“MagneScan”（图 9-10）。

MagneScan 现在能为所有尺寸和长度的管道提供漏磁检测，甚至是一些存在变径的管道。PII 也一直致力于技术的研发，开展了大量研究工作，改进了报告，提升了风险分析和缺陷评价的方法。

3. Corrocontrol（TRAPIL）

尽管所有的腐蚀控制检测器的设计都类似，但是 Corrocontrol 的工具有些不同，它的磁铁和传感器不是像其他检测器那样在前部的模块，而是在尾端的模块上（图 9-11）。

4. HiRes 金属损失测绘（H Rosen Engineering GmbH）

H Rosen Engineering（Rosen）有限责任公司（GmbH）发展内检测工具已经有 20 多年了，它在 1987 年推出了自己的第一套金属损失测绘工具（图 9-12）。现在它能够提供从 129mm 到 1422mm 所有尺寸的内检测工具，它也是第一家将称为“ROSOFT”的信号解读软件提供给客户的公司。这使得客户可以查看检测数据，现在几乎所有的检测公司都为客户提供检测数据和软件。

图 9-11　Corrocontrol 早期的漏磁检测工具

图 9-12　Rosen 早期的漏磁检测工具

5. Vectra 漏磁检测工具（BJ Process & Pipeline 技术服务公司）

这是一套后期（1996 年）发展起来的漏磁检测工具，融合了很多高精技术经验的设备。与所有内检测工具一样，它也有一些局限性，如最佳检测效果有一个最佳速度的要求。近期 BJ 的工具在速度控制方面取得了比较显著的成果，如介质流速超过 12m/s 时内检测工具的速度可控制在 3m/s 左右。这样就可以在不影响生产的前提下持续开展管道内检测工作。这个工具采用了霍尔效益和涡流传感器来测量外部和内部的金属损失，比较特别的特征是安装了陀螺仪来测量管道的 GPS 坐标，也可以用来定位缺陷，误差在 1m 以内，不需要摆放定标盒。安装陀螺仪的设备随后根据经验形成了“Geopig”工具（图 9-13）。

图 9-13　早期的 Vectra 漏磁检测工具

采用了神经网络计算技术来解释和分析数据，以便提供更精准的报告，“VECTRA-VIEW”软件也能够为客户展示数据分析的结果。

与在内检测领域的其他公司一样，BJ 也致力于新技术的研发，包括开展的“三轴”传感器研究，这种传感器可以探测并量化狭窄的轴向腐蚀（NACE）特征。

6. MFL/DMR 工具（3P Services GmbH）

3P 技术服务有限责任公司最开始是小口径管道漏磁检测工具，典型的用于现场和工厂的管道检测服务。现在使用漏磁检测的管道尺寸已经覆盖了 76.2~914mm，还推出了能够检测厚壁厚管道的 DMR（直接磁化响应）的工具。

这家公司的特长就是能够检测那些很难、甚至不可通球的管道，并且拥有大量的专家来处理这样的问题。

7. Magpie 漏磁检测工具（T. D. Williamson Inc.）

Magpie System 公司（隶属于 TDW 公司）设计和运营的工具以“小巧，坚实，高品质”著称，Magpie 漏磁检测工具可以用来提供便捷、可靠和性价比高的金属损失检测服务（图 9-14）。

图 9-14　早期的 Magpie 漏磁检测工具

这种工具可以结合地面定标盒为缺陷提供精确的定位。由工具收集的所有未过滤的数据都包括在详细的报告中，任何随后的分析都有软件提供帮助。

近些年来 TDW 公司推出性能更好的漏磁检测器，能够适应特殊的环境（图 9-15）。

图 9-15　TDW 用于高温输气管道漏磁检测器（GMFL）

8. 高分辨率工具（Cornerstone Pipeline Inspection Group）

美国运输委员会颁布完整性管理法规以后，Cornerstone Pipeline Inspection Group（CPIG）感觉到了管道内检测的巨大市场，因此开始发展“高分辨率”的内检测工具。

Marathon Ashland 管道有限责任公司运营超过 6500km 的管道，受出台的法规影响，在寻找合适的内检测公司来实施管道检测以满足法规的要求。他们因此支持 CPIG 来研发更多口径的工具，CPIG 也是他们以前一家管道完整性服务商。

CPIG 工具相对比较短小，能够满足长距离运行，对于降低实施管道内检测的成本也非常重要。

四、典型的“UT 工具”服务商

1. UltraScan WM（PII 管道技术服务公司）

UltraScan 系统是与德国的 Kernforschungszentrum Karlsruhe 多年合作研究的成果。1985 年推出了第一代 UltraScan 工具，主要用来测量壁厚。随后发展成了现在 UltraScan WM（图 9-16）。这些工具有很诱人的运行记录，并且已经在变径管道上成功运行，甚至在输气管道上前后封闭一段液体的情况下完成了检测。

图 9-16　UltraScan WM 检测器

正如前面提到过的，非常显著的一个特征是聚亚氨酯包裹了传感器，带有一定的柔性能够保证传感器有一个固定的提离距离。

数据现在可以在个人电脑或者硬盘上储存，读取彩色的图可以快速、清晰地展示壁厚变化的范围（C 扫描）和提供各类缺陷的深度（B 扫描）。

如果有需要，UltraScan WM 工具还可以专门用来检测点蚀和通道腐蚀。它能够识别和量化直径 10mm 以下的点蚀。

2. 超声检测工具（NKK 公司）

NKK 公司致力于超声内检测工具的研究工作已经有很多年了（图 9-17）。检测管道尺寸从最初的 406mm 到 1219mm，随后将推出更小尺寸的检测器。这种检测器的技术规格非常抢眼，有些工具的最大允许速度达到 3m/s。

图 9-17　NKK 公司超声检测工具

3. 超声检测工具（BJ Process & Pipeline Services）

这套工具是在 1994 年推出的，主要针对厚壁厚的液体管道（图 9-18）。在很多地方都有独到之处。159mm 的工具由 6 个模块组成，并且可通过内部的阀门实现双向运行，总是保持在前面的模块运行。通过能力为 5D 弯头，且能实施壁厚从 6.4mm 到 38mm 的超声检测。159mm 的工具能检测的管道长度达 10km。装配有 32 个传感器，每 4 个传感器同步发射信号，并自动补偿任何传感器和管子的偏心距离。

图 9-18　早期 BJ 超声检测工具

五、涡流工具

H Rosen Engineering（Rosen）是第一家应用涡流技术来直接探测金属损失的公司。他们的第一代工具在 1994 年初就推出了，利用高频的涡流来探测和测量内部腐蚀，毫无疑问这项技术取得了显著的成果。第一代检测器已经应用在 159mm 的管道上。虽然工具的推出依赖于市场的需求，但是理论上来说它不受限于任何尺寸。

自从 1994 年以后，其他公司也开始将这项技术应用到漏磁检测中，通常用来强化其他特殊的任务。

第三节　几何变形检测

一、概述

管道属于压力容器，相对来说处于高应力和循环压力的作用下工作。管道采用埋地的敷设方式给管道提供了安全保障，但是这种安全保障也是非常有限的。自然灾害，如地震、滑坡、沉降和洪水，以及出现比较频繁的第三方破坏都是危害管道安全的重要因素。

任何自然灾害和第三方破坏都有可能导致管道的物理损坏，形成凹坑、屈曲、凹痕等，但是这些因素很少导致管道直接破裂。通常，它们导致的是管道的变形。这些危害通常也称为“潜在的缺陷”。在字典里定义“潜在的”就是“逐渐发展的，感觉不明显，但是会导致不良后果的”，并且给管道造成某种形式的物理损坏。因此这种偏离理想形状，并可能给管道安全运营带来严重后果的因素对于压力容器来说都是非常有必要识别的。

管道内径减小除了带来固有的本质安全威胁外，还可能会限制检测器、甚至是清管器的通过。这种情况就比较严重，尤其对于现在运行的大而重的内检测工具，如漏磁检测器，管道存在变形，就有可能导致检测器无法运行，从而导致不能有效识别管道存在的金属损失、焊缝缺陷等影响管道本质安全的问题。

通过调查或者在必要的情况下消除管道的变形，非常必要的工作就是定位，而“几何”检测器的主要目的就是定位并量化那些管道变形。

“测径清管器”已经在管道上应用多年，主要用来核查内径是否存在任何的减小。这种简易的清管器带有一块测径板，测径板的材质一般为铝板，直径通常为管道公称内径的95%左右。当运行完测径清管器后，如果测径板完好，那么就可以判定管道内没有存在大于影响测径板通过的内径的减小特征。

如果说测径清管器运行后，测径板有损坏或者变形，那么运营商很难确定导致测径板变形的原因，也无法确定导致测径板变形的管道位置，因为导致测径板变形的因素很多，有可能是清管器运行不稳定，也有可能是弯头的撞击造成，当然也有可能是管道真实存在大的变形导致的测径板变形。如果这种情况下匆忙地发送清管器，有可能造成清管器的卡堵。

采用携带铝制的测径板的清管器能解决一些固有的问题，但是仍然不能提供足够的信息来定位内径减小的类型、大小或者位置。因此，通常运行测径清管器的目的就是为了判断是否需要运行“几何”检测器。测径清管器现在在大多数的清管器制造商那都可以获得。

关于几何检测器在本部分随后的内容中会有详细的介绍，一般在进行金属损失检测前先运行几何检测器，调查管道的几何变形情况。因此，在绝大多数的检测服务商在进行金属损失调查前，通常都会运行自己的几何测量工具。

二、检测技术原理

管道几何测量现在主要有两种技术：一种是电子—机械测量技术，另一种是涡流测量技术。

1. 电子—机械测量技术

大部分的几何检测工具都是使用这种技术原理。管道内径变化的原因通常包括椭圆变形、凹坑、阀门没有完全打开、壁厚变化等，这些都可以通过安装在几何检测器上的机械臂探测出来，这些机械臂都是通过弹簧压合保持与管壁的紧密接触。几何检测器通过滑板或者支撑轮直接与管壁接触，或间接通过驱动皮碗来接触管壁。任何管道内径的变化都会引起几何检测器上机械臂的运动，这种运动转化为机械能，通常在机械臂尾端会有一根推送杆，推送杆通过密封进入检测器骨架里面的仪器仓。

在早期的一些工具中，都是通过简单的探针驱动底部的推送杆来记录管道内径的变化。这种形式可以在条状的压力敏感图上提供一条连续的轨迹，表现为曲线图的向上或者向下的波动。条状图上展示了机械臂动作的状态。这种状态接收来自里程轮的脉冲，里程轮的脉冲来自管壁给机械臂的反作用压力。

在所有的内检测工具中都用到了里程轮，通常都是知道里程轮的周长，这样的话就能知道每一次的旋转代表了沿管壁走了多长的距离。在电子—机械原理的几何检测工具上，用电子设备完成的任务可能是记录里程轮每一次旋转触发的姿态，根据姿态变化在图上绘制一定的距离。这个结果图就显示了管道的长度。结合这种图绘制的原理和探针经过管道变形位置时的来回移动，提供的轨迹在早期就如同获得管道的精确位置一样显示了管道内径的变化。

后期的几何检测工具都将这种中心推送杆的这种移动转化为电信号，形成数据记录。这就为后期在电脑上处理数据提供了条件，也能够对任何已经记录的异常点进行深入、详细的分析和研究。进入 21 世纪以来，随着电子信息技术和各类算法的进步，实现了快速解算信号的能力，能够帮助消除由于技术人员误解读带来的错误（图 9–19）。

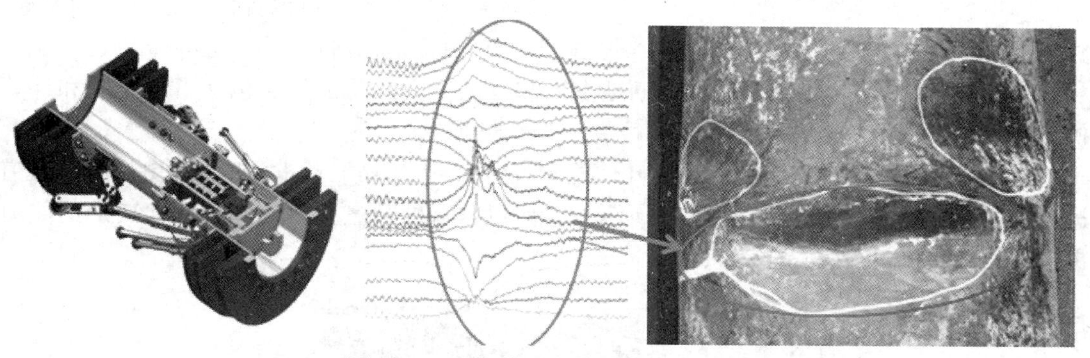

图 9–19 几何检测器检测原理示意图

2. 涡流测量技术

涡流就是变化的磁场进入管壁产生的电流。这种涡流在遇到任何的几何形状变化、材料性能变化时都会受到不同程度的影响（图 9–20）。涡流的这种特性使得涡流具备进行几何测量的条件，并且 H Rosen Engineering 公司已经应用这种技术几十年了。

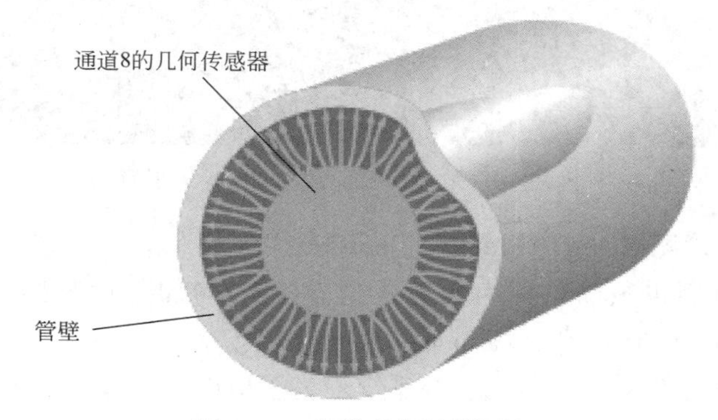

图 9–20 涡流几何检测原理

三、典型的采用电子—机械工具的服务商

1. “Kaliper” 检测器（T. D. Williamson Inc.）

T. D. Williamsom（TDW）在 20 世纪 60 年代为了克服使用测径清管器带来的问题，引进了“Kaliper”几何检测工具（图 9-21）。一旦测径清管器显示存在问题，那么如何定位这些问题的位置，这就需要进行几何检测来解决。TWD 在 20 世纪 70 年代将第一代“Kaliper”几何检测工具投入使用，取得了比以往更好的成本—效益比率。

图 9-21　早期的“Kaliper”检测器

如上所述，通过使用里程轮来测量行走的距离，并且探针显示损坏的范围，测量结果的曲线提供了那些存在内径减小变化的位置。技术娴熟的分析不仅可以提供内径减小的尺寸，还可以可靠地预估其形状和形成原因。

“Kaliper”几何检测工具也在不断地发展和改进，现在的工具还包括了电子仓和计算机分析软件，极大地提高了测量的精度，增加了可提供的信息量。

TDW 公司 2012 年采用的高精度几何检测设备对 EI Paso Corporation 新建的 Ruby 管道进行几何检测，工具外形如图 9-22 所示，几何机械臂的数量更多，检测几何变形的能力更强，精度更高。

图 9-22　近些年 TDW 发展的几何检测器

2. “CalScan” 检测器（PII Pipeline Solutions）

“CalScan”检测器也被简单称为几何检测器或者“Cal”检测器，在 1981 年投入使用。它的概念和功能与 TDW 的“Kaliper”检测器类似。

“CalScan”装备了高精度的数据记录系统，为管道内径中异常的测量和定位提供了更好的支持（图 9-23）。

图 9-23 CalScan 检测器

GE PII 的设备逐步向第四代发展，将几何和漏磁，包括 IMU（中心线检测），组合到一套工具中，一次运行收集更多的数据。几何臂更加密集，精度更高，如图 9-24 所示。

图 9-24 近些年 PII 发展的组合检测器

3. "DigiTel Data Logger" 检测器（Enduro Pipeline Service Inc.）

一般来说一种测量的技术原理建立以后，所有的清管器应用公司都会基于这种原理进行扩展。像其他内检测工具一样，经过多年的现场运行经验的积累，常规的几何检测器得到了巨大的发展（图 9-25）。

图 9-25 DigiTel Data Logger 检测器

后期的工具不仅仅提供异常的详细尺寸、时钟方位和位置，还提供弯头的位置、角度、曲率半径和转向的时钟方位，也能够从数据采集中直接提供 GPS 的信息。

Enduro 管道技术服务公司总部位于美国俄克拉荷马州的塔尔萨，还有另一个服务中心位于加拿大的卡尔加里。Enduro 公司主要为管道行业客户提供内检测服务、清管器、跟踪设备以及项目管理服务。Enduro 公司的技术服务包括 MFL 管道内检测，尺寸覆盖 4in（100mm）到 36in（914mm），还可以提供多管径的设备。另外，还提供几何检测服务，尺寸覆盖 4in（100mm）到 48in（1219mm）。除此之外，Enduro 公司还能够制造几乎覆盖所有管径的多种类型的清管器，可以完成清管、干燥、扫线等服务。近几年该公司的几何检测器也向复合型发展，如图 9-26 所示，将几何机械臂搭载在漏磁检测器上，一次完成多种数据的采集。

图 9-26　近些年 Enduro 发展的组合检测器

4. "GEOPIG" 几何检测器（BakerHuges）

Baker Huges 在管道几何检测领域发展有 20 余年，过去收购了一些专业的检测公司，如 BJ、Weatherford 等。GEOPIG 就是一款近年来发展的比较具有代表性的几何检测器，可以可靠地测量凹坑、屈曲、皱褶和椭圆变形等缺陷，还能够为凹坑的应变分析提供各个通道的数据，基本可以满足当前各用户的所有需求。

在 GEOPIG 几何检测器上还可以搭载 IMU，收集管道全线的 GPS 坐标信息，为缺陷定位提供更精确的信息（图 9-27）。

图 9-27　近些年 Baker Huges 发展的检测器

四、典型的采用涡流工具的服务商

Rosen 电子几何检测器独有的非接触式几何探头由 8 个独立的通道组成，每个通道的

图 9-28　非接触式几何检测器

发射功率 100Hz（图 9-28）。检测器通过多通道涡流技术执行非接触式测量，记录传感器表面与管道内壁的距离（图 9-29）。由于是非接触式传感器，因此避免了其他方式几何检测器容易出现的动力学问题。

该检测器可用于检测施工缺陷、第三方损伤，以及用于验证管道是否允许其他类型检测器通过，可经济实用地检测管道的几何质量。

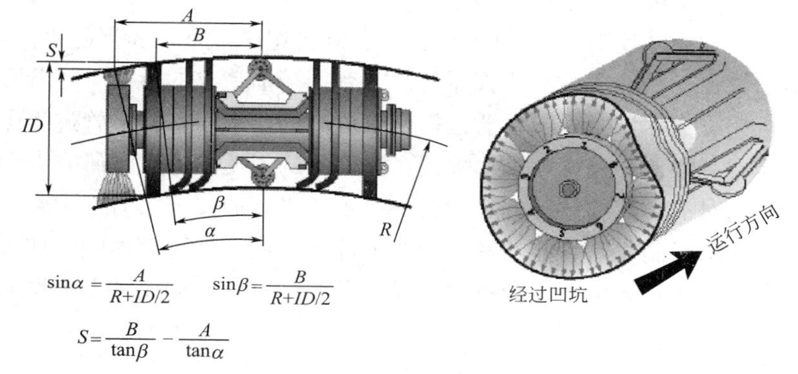

图 9-29　非接触式几何检测器工作原理示意图

R—曲率半径，m；ID—内径，m；S—壁厚，m；B—导向皮碗至中心支撑轮的距离，m；A—检测器最前端至中心支撑轮的距离，m

第十章 清管技术展望

清管技术从古至今都在不断地探索和发展中，清管设备的功能也在不断地拓展着，清管技术在近代更是有了突飞猛进的发展。可靠、高效的管道清管器在保障管道系统的输送能力和使用寿命方面发挥了非常积极的作用。

清管器的研究和设计伴随着历史的沉淀，在20世纪中期逐步新兴起来。研究自解堵、耐磨、适合不同管径、功能多样的清管器是研究者们当前追求的目标。随着石油天然气的开发进入深水、超深水领域，对清管器也提出了更高的要求。深水清管过程中一旦出现卡堵，解决办法非常有限，并且操作难度极大；清管器的耐压能力也是研究者们需要考虑的问题之一。这些都对清管器的设计方法和材料提出了更高的要求。对于耐磨问题，应通过采用耐磨、耐压的材料制作清管器的密封和磨损部分，或提高管道内壁的加工工艺，使管道内壁足够光滑；对于自解堵和适合不同管径的问题，可以考虑设计出根据需要能自动改变直径的清管器。

第一节 自动跟踪系统

多年来，各家清管器制造商和科研单位在跟踪管内清管器运行方面采取了多种方法。在众多的方法中，电磁脉冲发射法具有很大的优势，现在大多数跟踪定位系统发射方式都采用电磁脉冲发射方式。

清管器跟踪定位仪，是一种能在地面管道外对电子清管器进行跟踪并确定其确切位置的仪器。理想的跟踪定位仪应排除地磁、电磁干扰，识别清管器的信号。跟踪定位仪作为通过指示仪使用，还应具有快速识别信号的能力。

一、TDW清管跟踪系统

T. D. Willianson 生产的 TracMaster 清管跟踪和定位系统使跟踪和定位清管变得轻松，省时。TracMaster 可以依靠可视化显示以及声音信号来探测受阻或运动的清管器，在噪声的环境下，不用担心找不到清管器，并且使用 TracMaster 无须“走走停停”，行走时接收系统将过滤掉无关的信号，这样可以在继续前进时精确确定清管器的通过轨迹。它操作简便，定位准确。

TracMaster 接收机的优点不止如此，还有：

（1）TracMaster 接收机设计用于清管工业，它在清管操作中应用了微处理技术。

（2）TracMaster 接收机包括一个简单的图形菜单系统和一个显示系统，它显示了清管器通过时特殊的脉冲信号。在定位静止的清管器时，同样具有快捷、精确的优势。

(3) 当测量清管器的运行通道时，它们的序号、位置、时间和时期将存储在存储器中。

(4) 可以在现场显示、打印清管器通过的信息，并可以将其传送到台式计算机上。

(5) 已有的帮助菜单可以协助选择多种功能。

(6) 在光线昏暗时，可用后备灯。黑屏可节省电源并且可以自动激活。

(7) 内置的喇叭响时，表明清管器的通过、发射机脉冲信号、按键操作等。

(8) 不锈钢底座可以抵抗恶劣的管道环境，并且防水，同时还具有串行和并行接口。

(9) 在打开所有功能（包括后备灯）时，接收机的平均电池寿命最短 40h。

(10) 当有更新版本的软件时，系统软件可以升级。

大功率的发射机置于清管器内，或拽在清管器后。这包括所有类型的泡沫清管器、UNICAST 清管器和金属清管器。TDW/CD42-T1 发射机适用 6~28in 的管道，并且使用 6 节 AA 电池，工作时间超过 500h（3 周）。更大功率的 TDW/CD42-T2 发射机适用 30~60in 的管道，使用 6 节 C 电池，工作时间超过 375h（2 周多）。这些发射机无论是所发射的信号还是本身的尺寸都是和其他品牌的清管器跟踪兼容。坚固耐压的酰胺纤维手提箱可在很多恶劣的环境下使用。

TracMaster 的接收天线具有两种不同的用途。TDW/42-GP 天线的主要功能是删除运动所产生的错误信号。这项独一无二的功能可以让操作者不受干扰地连续工作，避免了其他跟踪系统不得不“走走停停”的方式。TDW/42-GP 在空气中接收信号的距离达 50ft，高灵敏度的 TDW/42-GP 在空气中接收信号的距离超过 150ft，适用于管道埋地较深的情况下，并且 TracMaster 酰胺纤维天线和线缆完全防水。

二、清管器光纤跟踪定位系统

中国石油管道科技研究中心研发了一种利用光纤定位跟踪清管器的技术（图 10-1）。清管器光纤跟踪定位系统利用与管道同沟敷设的通信光缆作为传感器，采用其中 1 根芯光纤采集管道沿线的振动信号。当进行管道清管作业时，清管器在管道中运行时与管壁发生摩擦和碰撞，从而产生振动，该振动作用在光纤上使得光波相位发生改变，通过测量光波相位变化即可获得清管器运行时产生的振动信号。通过独特的识别算法，可对振动信号进行定性分析，从而实现清管器在线跟踪与定位。

技术指标：单套 40km（光纤损耗低于 0. 25dB/km），加装中继可以达到 100km；定位精度达 200m。

现场需将清管器光纤跟踪定位系统与管道同沟敷设的通信光缆通过光纤跳线连接，在此之前需要测试光纤的损耗，从中选取损耗较低的一根光纤作为传感器。现场实际安装效果如图 10-2 所示。

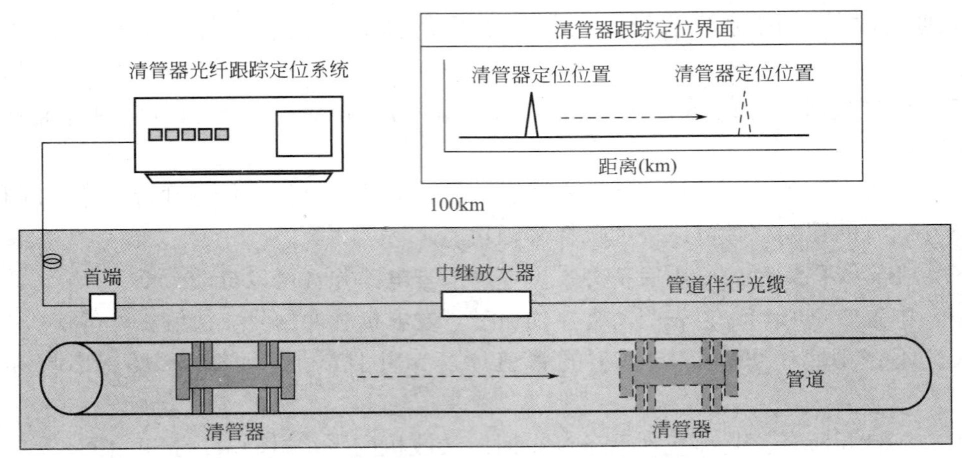

图 10-1　清管器光纤跟踪定位系统原理图

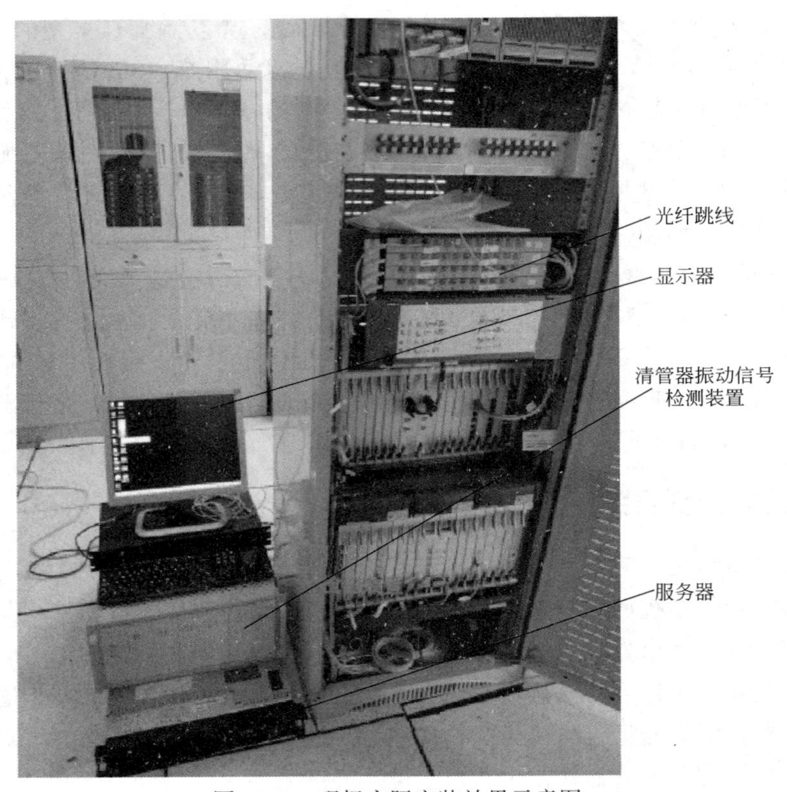

图 10-2　现场实际安装效果示意图

清管器光纤跟踪定位系统捕捉到的清管器运行轨迹如图 10-3 所示，界面以瀑布图的形式显示监测管段周围的振动信号，其中横轴为距离轴，纵坐标为时间滚动轴，图中虚线框所标注的为清管器的运行轨迹。可以看到该系统可以在线地实时监测清管器的运行，随着时间的滚动，该轨迹基本呈一条直线，横轴显示了清管器的运行位置，纵轴显示清管器到达该位置处的时间。

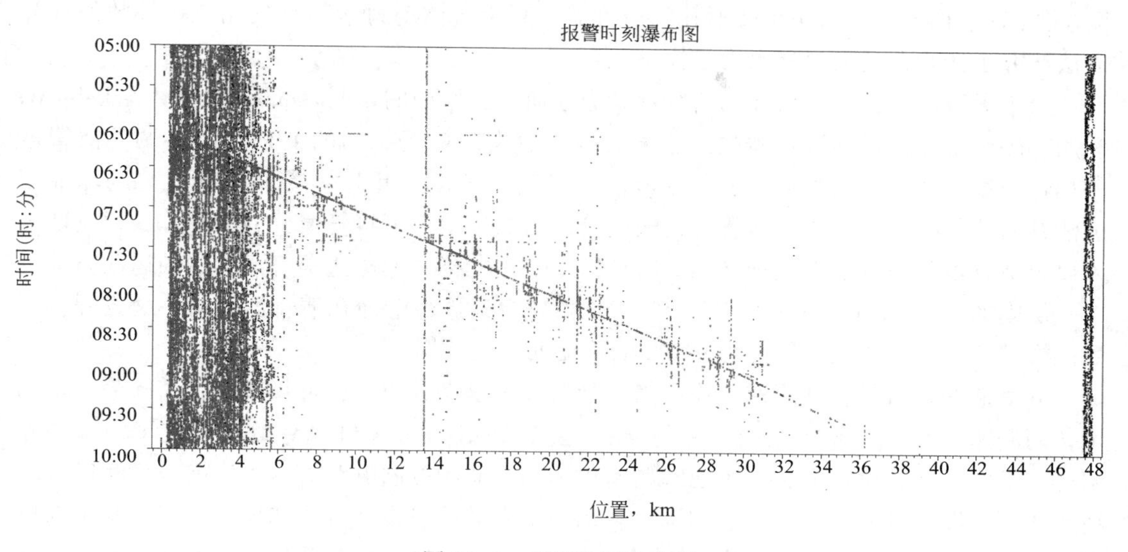

图 10-3 监测数据示意图

第二节 清管器速度控制技术

清管器或检测器的运行速度控制主要有两种方法，一种比较方便的方法就是控制清管器前后的压差，也就是控制输量来控制清管器的速度，但是这个方法具有局限性，也就是控制输量的时候会影响下游用户，如果下游用户对于输气量的需求很大或者非常小，那么这种方法就会受到限制；另一种方法就是通过对清管器或检测器的进行改造，设计清管速度控制单元，通过清管器在运行过程中的泄流的大小来控制清管器平稳运行。

韩国 Nguyen T T 等人假设清管器旁通孔内天然气不可压缩，推导了带旁通阀的旁通孔局部流体阻力的计算公式，用数值分析方法研究带清管器旁通孔的清管器前后压差与动力学方程，利用清管器位置、速度和旁通孔流速三个参数推导速度控制的方法，可实现清管器旁通流量与速度控制；利用韩国天然气公司（KOGAS）的低压管道进行试验，研究了带旁通孔清管器的速度稳定性和其在收发球过程中的速度控制效果，清管器卡堵后重建压差启动过程时不同旁通孔尺寸的速度控制效果，从理论上研究了通过控制旁通孔流量大小以实现清管器速度的稳定控制；为研究在输气管道弯管内清管器的动力学和速度特性，依据拉格朗日方程分别建立了 90°弯管内流体和清管器的动力学方程，并划分为三个特征段，即弯管入口段、中间段和出口段，采用矩形网格法求解流体运动规律，用数值方法联立以上方程，由龙格—库塔法求得清管器的速度特性，结果与试验管道内的清管器速度曲线相吻合；利用无旁通孔清管器在试验管道作业测得的压差和速度值，检验了采用动力学模型和数值仿真方法预测清管器位置和速度的可靠性与精确性。

巴西的 Azevedo LFA 等人研究了旁通孔径对泄流量和清管器动力学的影响，得到一个瞬态停滞/滑移模型；对小型旁通孔的清管器，利用流体动力学和有限元分析等数值计算方法研究了清管器动力学和水力学模型。

对于无调速装置或旁通孔的清管器动力学研究，巴西的 Tolmasquim ST 和 Nieckele AO 利用有限差分方程推导清管器的运行方程，以收发球站场阀门的 PID 控制器调整清管器的运行速度，以适于两相流管道（如液液、气气、气液两相流），数值分析结果与输油管道清管实测值吻合。为模拟清管器在输气管道内的运动，可将管道分为两部分，即发球端入口至清管器和清管器至收球端两个特征段，使用龙格—库塔法求解清管器的运动方程。

伊朗的 Hosseinalipour SM 等人研究了天然气管道内带旁通孔清管器的动力学方程，以数值模拟结果对比了运行压力为 9MPa 的管道的实测数据。

俄罗斯的大口径、高流速长输天然气管道里程居世界前列，近年来，管道缺陷内检测设备的调速技术研究备受关注，俄罗斯科学院的 Podgorbunskikh AM 等人研究了内检测器调速技术的进展、设计方法、旁通阀调速机理和旁通阀控制电路等，以提高内检测设备的精度和可靠性；研究了内检测器用调速装置的研究进展、设计方法和控制原理，基于内检测器研究、设计与作业经验等优势，利用已有内检测器结构与速度控制的实践经验，在不改变现有内检测器结构和功能的前提下，研究、设计了带旁通阀的内检测器自动调速装置，并投入实际作业以改进和完善调速装置和控制策略。

德国 Rosen 公司的 Rahe F 博士为优化内检测器的速度控制效果、降低其耗电量，简化了内检测器的动力学方程，用优化控制策略进行速度控制数值模拟。

下面主要介绍这两种方法。

一、通过输量控制清管器运行速度

清管的效果和清管的运行速度有很大的关系，清管器的运行速度在管输过程中主要用输气量的大小来控制，其计算分以下几个步骤：

（1）密封良好，没有泄流孔的清管器的运行距离为：

$$L=\frac{4Q_n p_n TZ}{\pi D^2 T_n p} \tag{10-1}$$

式中 L——清管器运行距离，m；

Q_n——发球后累计进气量，m^3；

D——输气管道内径，m；

p_n——标准条件下压力，Pa；

T_n——标准条件下温度，℃；

p——清管器运行管段内天然气平均压力，Pa；

T——清管器运行管段内天然气平均温度，℃；

Z——清管器运行管段内天然气平均压缩系数。

（2）清管器运行速度用下式计算：

$$v=\frac{L}{t} \tag{10-2}$$

式中　v——清管器运行速度，m/s；

L——清管器运行距离，m；

t——清管器运行时间，s。

（3）清管器到达各监听点的时间：

$$t=\frac{3.2704LD^2p}{TZQ_n} \tag{10-3}$$

为了控制清管器在管道中2~5m/s的运行速度，往往通过控制上游进气量或者是下游进气量来满足，一般在实际运行中认为控制在3m/s左右时较为适宜。清管器运行速度控制对清管效果影响极大，速度较快时会对皮碗清管器造成较大磨损，皮碗磨损过量会造成输送气量大量漏失，严重时会造成清管器停滞不前，进而造成清管器运行异常事件，而如果速度过慢会造成清管器走走停停，达不到应有的清管效果，一般尽量控制清管器的运行速度使其匀速前进。

事实上，在实际操作过程中，由于两个清管站之间距离较小，清管时进口与出口之间压差较小，认为清管器不漏失，气流速度即可认为是清管器的运行速度。为了保障清管器2~5m/s的运行速度，通过下面简单计算即可求出所需气量：

$$Q=\left(\frac{\pi D^2}{4}\right)v \tag{10-4}$$

式中　Q——清管时实际输送的气量，m^3/s；

v——气流速度或者清管器运行速度，m/s；

D——输气管道内径，m。

根据实际情况压力、温度由下式即可推算出标况下体积流量：

$$\frac{p_n V}{T_n}=\frac{p_{实} Q_{实}}{T_{实} Z} \tag{10-5}$$

式中　V——标准状况下体积流量，m^3；

p_n、T_n——标准状况下压力、温度，Pa，K；

$p_{实}$、$T_{实}$、Z——清管器运行后管段内天然气平均压力、温度和压缩系数，Pa，K。

在实际工程计算中，压缩系数Z可取值1，长输管道对输送气体都有精确计量，可以用严格控制输送气量方法来控制清管器运行速度。

另外可以通过阀室、穿跨越设置监听点来进一步校核其速度。当清管器到达某一监听点时，记录其到达时间及清管器运行距离，计算出清管器运行速度，适当调整进气量大小可以精确控制清管器运行速度。

二、机械式清管器速度控制单元

在清管时可通过调节发球端和收球端的流量大小与压差进行清管器速度控制，例如，关闭压缩机以降低收球作业流速过高时清管器对收球筒的撞击。但对于长输天然气干线管道，调节管道输送流量的方法有调速滞后、误差大等缺点，为了使内检测器运行速度（如3~4m/s）低于天然气流速而采用降压输送，将导致巨大的经济损失，故只能通过在内检测器上安装调速装置以实时监测内检测器的运行速度，并自动准确地调节泄流阀的大小来改变检测器的运行速度（图 10-4）。

清管器运行的速度在一定程度上影响着清管器的效果，而清管速度完全依靠管道内介质运行速度及介质压差。为了实现设备速度可控及平稳运行，很多清管器制造商和技术服务商开展这方面的研究，研发了速度控制系统来实现清管设备运行速度控制在最佳的状态，一般清管器运行速度不超过 5m/s，且保障运行速度不低于某一下限值。根据速度控制系统的这种特性，从结构上来说速度控制系统由供电系统、控制系统、传动系统、执行系统等组成（图 10-5）。

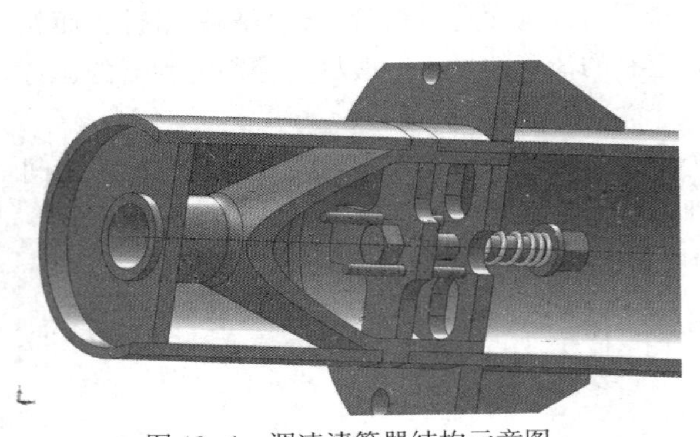
图 10-4　调速清管器结构示意图

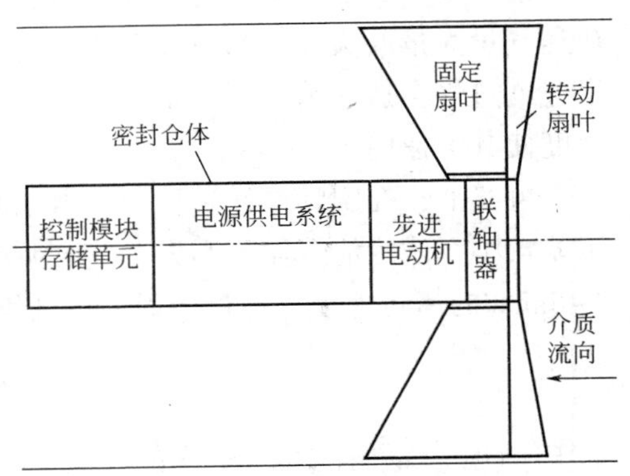

图 10-5　叶片式调速结构示意图

三、速度控制系统工作原理

以往的清管器或内检测器的运行速度均受限于管道介质速度，管道介质流速通过管道输送工艺参数，基于管道内介质流动的基本方程，构建介质管内运动模型，可确定管内介质流动速度分布形式。通过安置设备上的里程传感器，提供设备运行速度 v_1，预定设备平稳运行速度范围为 $v_2 \sim v_3$，其中 v_2、v_3 分别代表设备运行的下限和上限值，是预先设定的值。当 $v_1 > v_3$ 时，控制系统启动电动机，电动机带动传动系统打开泄漏装置活动扇叶，介质高速流过泄流装置，设备速度降低；当 $v_1 < v_2$ 时，控制模块驱动电动机，驱动传动系统关闭泄流装置，设备速度升高。设备运行速度：

$$v = \frac{v_F A - v_X A_X}{A - A_X} - v_0 \tag{10-6}$$

式中　v_F——管道介质流速，m/s；

A——管道内截面积，m^2；

v_X——泄流速度，m/s；

A_X——泄流面积，m^2；

v_0——在清管设备自身重力和摩擦下需要前后压差平衡时介质速度，m/s。

由式(10-6) 可知，设备速度控制在 $v_2 \sim v_3$ 范围内，设备平稳运行。

四、速度控制单元在设备中的实例

1. 中油检测速度控制清管器样机

基于速度控制模型及控制原理，中油检测开发了 ϕ610 的天然气管道清管器样机，如图 10-6 所示。由清管器骨架、防撞头、前后密封皮碗、清管支撑皮碗、里程轮、速度控制系统、发射机、差压传感器等构成。

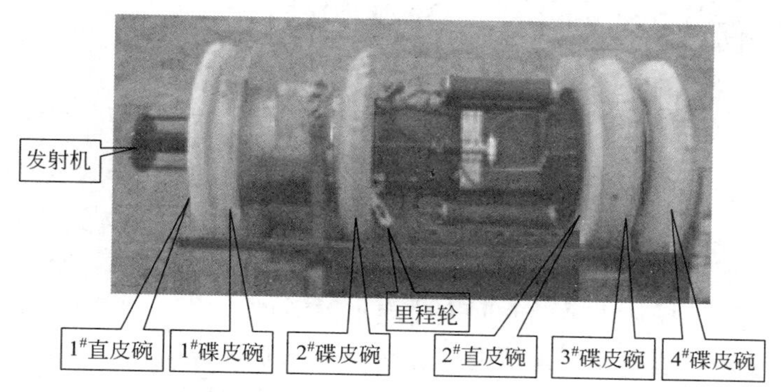

图 10-6　中油管道检测技术有限责任公司速度控制清管器样机

2. 德国 Rosen 公司速率控制单元

许多管道在高压力高流速下工作，以使输量最大化。为了得到高质量的检测数据，往往需要限制检测器的运行速度在最佳范围内。但若为了满足内检测而降低流速，则会对业主带来一定的经济损失。

为此 Rosen 开发了 SCU 速率控制单元，在管道介质高流速的前提下采用分流装置主动降低检测器运行速度（图 10-7、图 10-8）。速率控制单元可以与 Rosen 的多种内检测器组合使用。

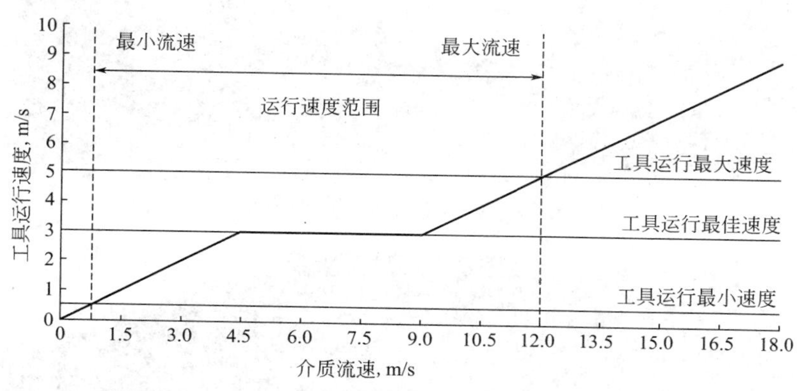

图 10-7　Rosen 公司的速度控制单元速度调节范围曲线

速率控制单元可以主动测量检测器的瞬时运行速率，并根据周围介质的流速不断调整检测器的运行速率，即使在介质流速发生改变时，检测器也可维持最佳的运行速度。

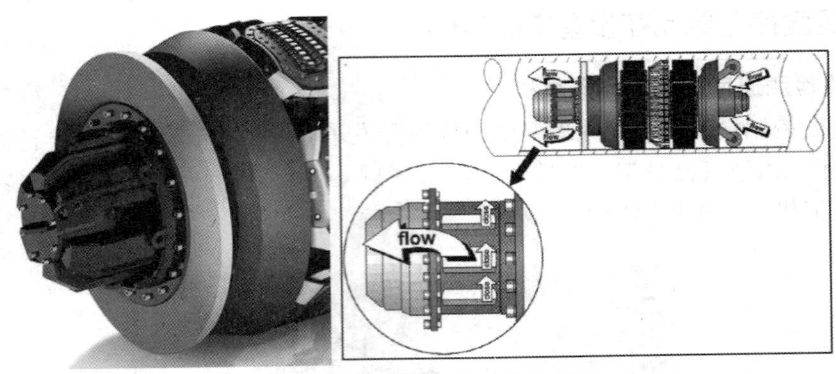

图 10-8　速度控制检测器示意图

主要优势：

（1）节省客户成本；

（2）使计划制订、操作人员的时间安排更加灵活；

（3）由于控制运行速率在最佳范围，提高了数据质量；

（4）降低了重复运行的可能性；

（5）不影响正常输送。

3. 美国 T. D. Williamson 公司的速度控制单元

为了保障在高流速管道运行的检测器获得高质量的检测数据，避免因速度过快导致检测数据质量降级的情况发生，TDW 公司研发了可以在高流速管道内控制检测器平稳运行的技术（图 10-9、图 10-10）。这项技术就是速度控制技术，它可以保障检测器在高流速的天然气管道中平稳、可靠运行。

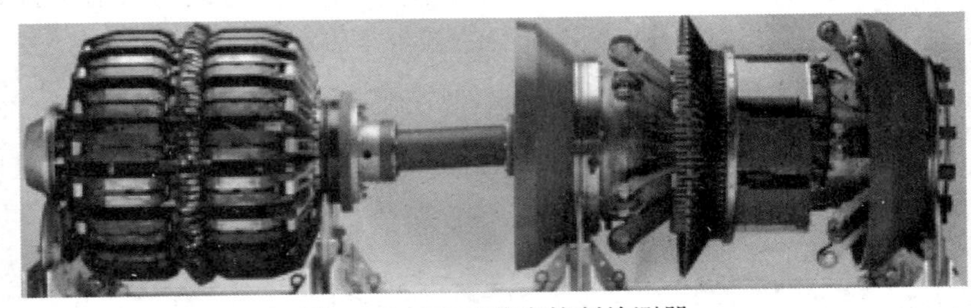

图 10-9　TDW 速度控制检测器

图 10-10　TDW 速度控制检测器工作原理示意图

第三节　智能清管器（PDL）技术

一、管道数据记录仪简介

管道数据记录仪（PDL）用于实时测量、记录设备在管道运行中的数据，包括三轴角速度、三轴加速度、三轴磁强、绝对和相对压差、实时温度等，并对记录的数据进行后续的分析、处理，以获得记录仪当次运行时管道的相关数据。

二、应用技术和测量能力

现阶段已投产用于实际生产中的管道数据记录仪（PDL），在设计阶段被设计成一个独立单元，使其能够搭载在几乎任何类型符合运行尺寸的机械清管器上以及符合要求的检测器上运行。

管道数据记录仪包含：控制器、存储器、惯性传感器单元、压力传感器、电池、通讯接口、以及电源管理。由于搭载惯性传感器单元，使得 PDL 拥有完整的惯性系统，内置一个三轴陀螺仪、一个三轴加速度计、一个三轴磁力计和压力传感器。控制器通过三轴向加速度计，三轴向陀螺仪采集相应的振动和惯性参数，通过压力传感器敏感管道内的绝对压力，并将数据存储在存储器（eMMC）中，计算机软件 XSensor-DATA-DA 通过 USB 接口读取数据并进行分析。

由于特殊的结构与完善而又齐全的传感器组成，让 PDL 在使用过程中更灵活也更方便，它可以实现以下几种测量：

（1）测量推动清管器或某些设备所需的压差；

（2）测量压差来监督清管效果；

（3）为测径板变形原因提供分析依据，定位可能出现撞击的位置；

（4）测量温度有所异常的管线位置，进行地表踩点分析原因；

（5）测量温度曲线来支持结蜡或沉积模型；

（6）用加速度和压力数据对清管器的运行进行评价，包括停球；

（7）通过测量绝对压力曲线，评价管压详情和监测管道系统；

（8）计算压差峰值用于旁路计算，达到控制球速的目的。

结合多路数据通道的分析，可以加强数据判读的效果。数据判读软件可选择和同步时间帧，同时也可平铺显示不同的测量数据。例如，绝对压力曲线的上升和下降，可以反映出一段管道的倾斜程度。基于这些信息，可以分辨平管段和立管段的压差。此外，PDL 既可以为了采集管道某一指标而只进行单次使用（以一个特定目标为目的，如管道运行条件的变化，已知的损坏或预检测清管），也可以对管道系统进行连续监测。通过持续的定期的清管数据记录，可以增强采集信息的价值。即使一个连续项目的单次运行结果不特别突出，但是运行之间的差异可能包含有价值的信息。为管道大数据数据库的形成及完善提供数据资料。

第四节　封堵清管器技术

一、封堵清管器概述

油气管道通常沿最短的实际路线从流体接入点到终点。这就导致管道频繁地穿越河流、沼泽等从地表无法接近的地段。

当管道失效、需要换管或者维修、改造工作需要切管时，通常需要管道停输，导致可观的管道中流体损失。如果出现这种情况，管道虽然可以在固定阀门处关闭，但是固定阀门沿管道一般仍有较长的间距。

当需要在固定阀门之间封闭管道时，通常在管道上开孔插入阀门封堵器。这种操作非常有效，但需要在管道上物理开孔，在穿越河流、沼泽和其他困难地段时完全无法实现，并且往往需要在这些无法进入地段封堵。

一般隔离管道输送支线采用一个或多个活塞型设备。这些支线封堵器通常只是由骨架和周围的环形密封皮碗构成以保证封堵器和管壁密封接触。这些封堵器可随管道介质在管道内自由移动。

管道中设备包或自由活塞通常被叫做封堵器，与在需要位置固定封堵器的遥控功能结合。锁定封堵器需根据压力变化，在管道中压力下降点自动地锁定封堵器，当压力建立起来后自动恢复封堵器移动。如果需要，可根据穿过管道的声波反应或者其他从控制器发出易于穿过管壁到达封堵器的信号锁定。

封堵器骨架携带的锁定机构至少包含两套横向活动装置，活动装置带有突出表面的齿在设定点通过活动机构向外移动挤压管道内壁。遥控方法是通过移动封堵器向外挤压管道内壁，这种方法中的移动机构包括一个触发器，通常是扩张使活动机构向外，而不是直接作用于活动机构或者是凸轮布置、滑动斜面、链接切换、棘轮、偏心轮类似的其他适合的传动装置。传动装置由纵向传动轴驱动。

压力驱动优选平板波纹管单元，适用于管道压力塌陷情况，附加于纵向传动轴的一端。波纹管单元所受压力反向于弹簧的压力。当管道中压力超过瘫痪压力，传动轴向移动机构上外压松动方向移动，这样松开封堵器可以随管道中介质自由移动。当管道压力下降到低于设定值时，弹簧移动控制传动轴扩张，波纹管驱动活动机构向外和管壁锁定。

使用封堵清管器的目的主要有以下几个方面：

（1）提供一个在无论能否到达的任何预定位置，封堵管道阻止介质流动的设备。

（2）提供一个可以在管道内移动的，在设定位置遥控锁定的封堵器。

（3）提供一个可在管道内移动到选定位置的设备，并可以根据需要进行锁定，解锁后可以继续在管道内移动的封堵器。

（4）提供一个在常压下被介质驱动沿管道移动的管道封堵器，自动锁止在管道内压力下降点，并可以在压力恢复后自动释放继续在管道中随介质移动。

（5）提供一个被介质驱动的管道封堵器，可以利用常规设备锁止或释放在一个远程位置上，用于阻止管道中介质流动。

（6）提供一个可被介质驱动的管道封堵器，根据压力进行动作和判断，可以锁止在管道中选定的压力点上。

二、TDW 公司的封堵清管器专利产品介绍

封堵清管器技术发展最早的是 T. D. Williamsom 公司，在 20 世纪 60 年代该公司就申请了封堵清管器的专利，在 1963 年 10 月 22 日该公司申请的封堵清管器获得了美国专利局的授权，专利号为 US3107696A。该专利详细介绍了封堵清管器的结构，以及如何实现封堵作业的功能（该专利的详细说明可在 Google 搜索平台上输入专利号后获得）。

三、STATS Group 公司的封堵清管器

STATS Group 公司经过多年的发展，也成功研发了封堵清管器，并且在应用方面比较靠前，技术先进性也具有一定的优势（图 10-11）。封堵清管器的尺寸覆盖了 76.2~1219mm 管径的管道，承压能力也达到了 35MPa，通过能力也在 3D（大于或等于 3 倍管径），并且实现了遥控定点控制封堵清管器停滞位置的功能，精度非常高。

图 10-11　STATS Group 公司封堵清管器

封堵清管器的工作原理为：首先通过清管器发球筒，利用定点投送技术，在介质的推动下使封堵清管器向前运动至管内欲封堵段制定位置，然后利用管内外双向通信技术，在超低频电磁脉冲信号的控制下，完成锚定及封堵动作，最后当维修作业完成后，利用管内外双向通信技术，使封堵清管器自动解封，在管内介质的推动下直至收球筒取出。其中，封堵清管器定点投送方法被称为容积法，利用液体的不可压缩性，通过向封堵清管器后方加注不可压缩液体，进而将封堵清管器泵送至指定位置的一种定点投送方法；管内外双向通信技术核心是将关外控制命令信号及管内工作状态反馈信号转换为超低频脉冲信号。

第五节　射流清管器技术

当物体在液体中高速运动时，在固体和液体的交界面上，压力会大大降低，有时甚至会产生接近真空的负压，此时，即使是常温下，局部的水也会沸腾，形成低压的微小气泡。在周围水压的作用下，这些气泡急剧崩溃，并伴生强大的冲击波，这便是空化现象。通过改变流体的速度或者压强，可以改变空化的状态。

在流体力学中，通常把流体作为一种连续介质研究，空化是液体中产生的一种现象，是液体从液相变成汽相的相变过程，空化的结果使得动介质的连续性遭到破坏。此时在液体中的某些部位出现充满蒸汽的空穴腔即蒸汽空穴，当蒸汽空穴随着水流进入高压区，空气中的蒸汽顿时凝结，空泡溃灭，随之产生高压、高温、放电及发光现象，此为空化现象的全过程。

在空化过程中，空泡急速产生、扩张，又急速溃灭，在液体中形成激波或高速微射流。美国学者 R. T. 柯乃普等人通过计算得出，空穴破灭时的压强可达 103 个大气压量级。

其实产生空化的主要原因有三个：一是高速水流作用；二是物体形状结构；三是物体表面不平整。由于物体表面局部不平整而产生局部漩涡或压力脉动而造成水流局部压力降低是产生空化的基本原因；因物体布置或形体设计不合理造成局部压力降低或产生负压是产生空化的根本原因；因水流速度大，使水流空化数减小，从而导致空化作用的加剧是产生空化的主要原因。

在射流清管器中空化射流的基本原理就是从喷嘴出来的射流在其内部诱使生成充满水蒸气的空化泡，适当调节喷嘴结构与冲击物体表面距离，是这些空化泡有长大、压缩过程。当射流冲击到物体表面时，空化泡破裂，产生微射流和激波冲击，打破管内壁与污物之间的黏合力，从而实现对管道的彻底清洗。

GE PII 检测公司采用的射流清管器工作原理如图 10-12 所示，在清管器尾端有通孔，在前端有喷射的管道，可以根据需要调整喷射管道的直径和方向。这种清管器在高速流动的介质中的效果比较明显。现场应用表明，在输量比较小的情况下，这种清管器的作用非常有限。

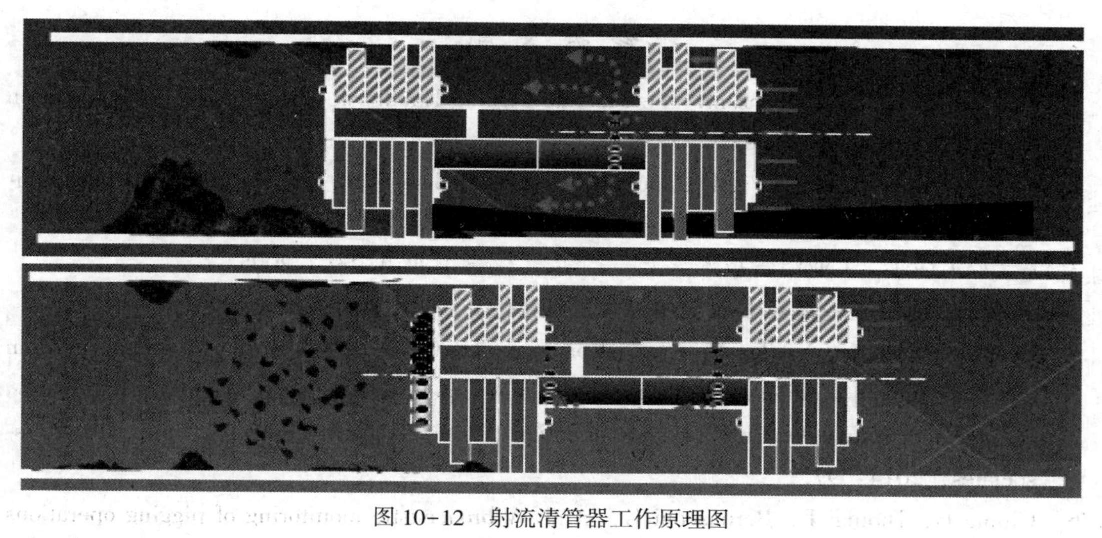

图 10-12　射流清管器工作原理图

参 考 文 献

[1] Jim Cordell，Hershel Vanzant. The Pipeline Pigging Handbook [M]. Third Edition Clarion Technical Publishers，2003.

[2] John Tiratsoo. Pipeline Pigging and Integrity Technology [M]. 4th Edition. Clarion Technical Publishers，2015.

[3] G. 希尔切尔. 工业清管技术 [M]. 北京：化学工业出版社，2005.

[4] 张金成. 清管器清洗技术及应用 [M]. 东营：石油大学出版社，2005.

[5] Cote C，Rosas O，Sztyler M，et al. Corrosion of low carbon steel by microorganisms from the ‘pigging’ operation debris in water injection pipelines [M] //Directory of information management software for libraries，information centers，records centers/. Cibbarelli & Associates，2014：97.

[6] Giunta G，Dionigi F，Bernasconi G，et al. Vibroacoustic monitoring of pigging operations in subsea gas transportation pipelines [M] //ASNT Fall Conference & Quality Testing Show 2011，October 24-28，Palm Spring，CA. 2011.

[7] Casey，张丽萍. 现代清管技术综述 [J]. 石油石化节能，1998 (10)：33-36.

[8] 谭桂斌，朱霄霄，张仕民，等. 天然气管道调速清管器研究进展 [J]. 油气储运，2011，30 (6)：411-416.

[9] 刘年忠，付建华，陈开明. 天然气管道智能清管技术及应用 [J]. 天然气工业，2005，25 (9)：116-118.

[10] 丁俊刚，蔡亮，王静，等. 中国与俄罗斯管道清管技术标准差异分析 [J]. 油气储运，2013，32 (9)：1018-1021.

[11] 马伟平，刘忠昊，董博，等. 俄罗斯清管技术标准先进性研究 [J]. 石油工业技术监督，2014，30 (3)：32-34.

[12] 何坤，陈喆，杜娟，等. 俄罗斯管道投产技术标准先进性研究 [J]. 全面腐蚀控制，2014 (2)：29-33.

[13] 马伟平，王舰，王禹钦，等. 任京线正反输运行长期不清管条件下的结蜡规律 [J]. 石油工程建设，2011，37 (6)：7-11.

[14] 王霞. 大口径高压输气管道清管技术研究 [D]. 东营：中国石油大学（华东），2009.

[15] 李增铨. 我国的清管技术及发展方向 [J]. 天然气工业，1984 (3)：8+69-73.

[16] 卞金榜，刘永荣，杜德伟，等. PIG 清管技术在八面河油田的应用 [J]. 清洗世界，2006，22 (6)：39-41.

[17] 权昆，董宇新. 水力清管技术——PIG 防垢在硅渣管中的应用 [J]. 矿冶，2005，14 (2)：73-75.

[18] 韩志广，笪京，方圆. 浅谈油气管道清管技术 [J]. 中国石油和化工标准与质量，2014 (3)：49-49.

[19] 麻特，李德宝. 库鄯输油管道清管技术分析 [J]. 油气储运，1999，18 (4)：20-27.

[20] 严建锋，王雯雯，安峰. 长输管道清管技术 [J]. 管道技术与设备，2013 (3)：48-49.

[21] 虞坚中，闵希华. 克—独管线清管技术的应用及效果 [J]. 油气储运，1992，11 (6)：33-36.

[22] 董宝山，柳春祥. 原油输送管道机械清管技术 [J]. 石油规划设计，1997 (5)：17-19.

[23] 陈海波. 原油集输管道结蜡规律及 PIG 清管技术研究 [D]. 大庆：东北石油大学，2012.

[24] 陈传胜. 天然气长输管道在线内检测前的清管技术 [J]. 天然气与石油，2013，31 (5)：1-4.

[25] 何绪蕾. 管道原油结蜡速率实验与清管技术研究 [J]. 当代化工，2015 (6)：1388-1391.

[26] 刘斌. 高含蜡原油海管化学清管技术 [J]. 中国石油和化工标准与质量，2014 (6)：40-40.

[27] 吴鹏. PIG 清管技术原理及效益分析 [J]. 中国科技博览，2013 (2)：188-189.

[28] 王汇川，张永民. 喷射清管技术 [J]. 石油钻采工艺，1994 (6)：95-96.

[29] Tiratsoo J. FOREWORD—Pipeline Pigging and Inspection Technology (Second Edition) [J]. Occupational & Environmental Medicine，2001，58 (1)：65.

[30] Mirshamsi M，Rafeeyan M. Speed Control of Pipeline Pig Using the QFT Method Contr le de lavitesse d'un racleur grace ὰ la méthode de synthèse QFT [J]. Oil & Gas Science & Technology，2012，67 (4)：693-701.

[31] SHORT，G C. Conventional pipeline pigging technology I：Challenges to the industry [J]. Pipes & Pipelines International，1992.

[32] Zhao J，Yang L，Wei M. Determination of pigging cycle for gas transmission pipeline in Sulige Gasfield [J]. Oil & Gas Storage & Transportation，2011.

[33] Esmaeilzadeh F，Mowla D，Asemani M. Mathematical modeling and simulation of pigging operation in gas and liquid pipelines [J]. Journal of Petroleum Science & Engineering，2009，69 (1 - 2)：100-106.

后　记

提到清管，对于长输油气管道或者工业管道的运营商来说都非常熟悉，大家也都非常清楚清管的作用和功效。尤其近些年来基于清洗、清扫和密封等清管器功能的实施，不断拓展了清管器的用途。例如，基于清管器卡堵原理实现了定点清管封堵的功能，为换管、开孔等维护维修活动创造了更加有利的条件，也在很大程度上节约了成本；如利用清管器射流的功能，将内涂层液体或粉末携带在清管器上，在清管器运行过程中将内涂层涂敷到管道内壁上等。在本书中也对各类新型的清管器和清管技术进行了介绍和探讨。

随着材料科学和管理技术的发展进步，清管球、密封清管器、清洁清管器在工业应用中逐步提升和完善了各自的性能，在这些基本清管器清管技术的逐步发展基础上，通过加装各种类型的传感器，最简单的如测径板，复杂的有如超声裂纹探头、涡流探头、漏磁探头等，形成了现在形形色色的管道内检测器，进一步提升了管道本质安全的保障能力，清管设备和技术从量变到质变获得了一个飞速的发展。因此在本书中也对各种类型管道内检测设备和内检测服务商的发展历程和技术类型进行了简要的介绍和说明。

当然，对于一项技术的提出、研究、成熟推广应用，这里少不了各类异常事件和事故提供的宝贵经验，清管技术的发展也是如此：因为要在输送管道产品之前将管道内的异种介质推出去，从而催生了密封清管器；因为管道内存在杂质导致管道腐蚀严重，从而催生了清扫管道内腐蚀杂质的清管器；因为管道本体缺陷导致失效事故的频频发生，从而催生了针对不同缺陷检测的管道内检测设备。保障内检测获得高质量的检测数据，高效识别管道本体存在的缺陷，清管是一项非常重要的工作。在内检测清管中，因为发送清管器种类之多、频率之高，也会经常性发生冰堵、蜡堵、停滞等事件，每一起异常事件都蕴含了大量的宝贵信息，从事件的分析中可以获取一些有价值的、值得共享的东西。在本书中分享了几起比较典型的清管异常事件，详细记录了这些事件处置的过程和方法，以便为运营管理者和相关技术人员提供事件处置的参考。

目前国内的清管产品设计、制造标准不完善，清管概念范围广和技术要求不同，清管器各部件组合形式随机性大，没有形成最佳的做法和明确的功能分类，清管器的运行状态缺少足够的理论支撑，急需开展相关的应用研究，制定清管器设备生产、制造、应用和改进全生命周期的标准规范，以便规范行业行为，提高清管的效率和安全性。同时也可以看出，在过去国内一直认为清管技术的含量比较低，随意性比较大，但实际上清管技术需要大量的理论数据的支撑，还需要进行更深层次的研究才能满足当前各种复杂工况的需求，包括在国外应用比较成熟的封堵清管器的研究、清管器运行状态的模拟、清管器运行前后的摩擦力计算、清管器各部件的材料性能测试，以及针对不同工艺状况的特殊清管器系统等都需要开展大量的研究工作，获取大量的数据来支撑应用的进一步提升，保障清管设备的安全运行。

在本书的编著过程中也得到了很多领导、同事和朋友的帮助，尤其在经典案例分析方面得到了张海亮、张琳、李博、冯文兴等人的大力支持，在清管器技术探讨、清管设备设计以及智能清管器发展历程等方面得到了冯庆善、张海亮、赵晓明、李睿等人的大力支持，在此表示由衷的感谢。同时，通过网络也借鉴了一些相关的图片等素材，因无法追溯提供者，在这里不做一一感谢。由于知识的局限性，对于部分内容阐述不是非常透彻和明了，力求在后期的技术研究和运营管理中不断完善，以便使以后更新的版本实用性更好。